酒中的化学

陈智栋 〔日〕北條正司 著

中国石化出版社

内 容 提 要

本书介绍了与酒的发酵、酒的熟成等相关的化学知识；从化学的视角出发，介绍了乙醇与水的相互作用与成因，并结合核磁共振和拉曼光谱等仪器分析结果，揭示了水对酒品质的影响。内容包括酒的发展历史、酿酒的主要物质——水、酒的熟成与乙醇水溶液、酒类的熟成和成分、酒的命名与分类、酒的制造、酒的味道与健康、酒的品评和酒文化。

本书可作为发酵工程、食品工程、化学等相关专业高等院校学生的教材，也可作为相关领域科研人员的参考用书，同时该书还可供对酒文化感兴趣的读者阅读。

图书在版编目（CIP）数据

酒中的化学／陈智栋，（日）北條正司著．—北京：中国石化出版社，2020.4
ISBN 978-7-5114-5658-8

Ⅰ．①酒… Ⅱ．①陈… ②北… Ⅲ．①酒-食品化学 Ⅳ．①TS262

中国版本图书馆 CIP 数据核字（2020）第 050523 号

中国石化出版社出版发行

地址:北京市东城区安定门外大街 58 号
邮编:100011 电话:(010)57512500
发行部电话:(010)57512575
http://www.sinopec-press.com
E-mail:press@ sinopec.com
北京富泰印刷有限责任公司印刷
全国各地新华书店经销

*

710×1000 毫米 16 开本 9.75 印张 135 千字
2020 年 4 月第 1 版 2020 年 4 月第 1 次印刷
定价:49.00 元

序 言

　　有的酒清澈晶莹，光可鉴人，有的酒色彩斑斓，鲜艳夺目。那飘逸的异香和袭人的芬芳颇有使人一尝为快的诱惑力。如果配上几样小菜，依桌而坐，自斟自酌，这景况本身就使人觉得潇洒悠闲，趣味无穷，富有诗情画意。待到三杯两盏入肚，更使人感到舒适安逸，油然产生飘然羽化的感觉。

　　"有朋自远方来，不亦乐乎"，一朝相聚，其乐也融融。在亲人团聚、宾朋远来的时刻，酒更是少不了的助兴佳品。"酒逢知己千杯少"，在这些场合，人们往往开怀畅饮，一醉方休。但是人们对酒的态度，却不尽相同，甚至截然相反。喜欢饮酒的人，对酒总是赞不绝口，褒以各种美名，什么"生命之水""琼浆玉液""百病良药"，等等。我国唐代大诗人李白，自称"酒中仙"，"会须一饮三百杯，但愿长醉不复醒。"杜甫赞他的诗借酒而成，"一斗诗百篇"。汉末政治家兼军事家曹操，通过"对酒当歌"的词句，抒发他的壮志豪情。古往今来的文人墨客，英雄侠士，写下的赞美酒的诗篇，真是汗牛充栋，数不胜数。反对喝酒的人，则对酒嫉之如仇，斥之为"死亡之水""人体的祸害"。明代著名医学家李时珍曾经对酗酒者提出过严重警告："饮酒不节，杀人顷刻"。

各种观点，见仁见智，都有其道理。然而，爱酒或嫉酒的人们，对于同人们生活关系如此密切的这类饮料，你到底了解多少，有没有一个比较正确的认识，能否面对这芳香扑鼻的诱惑物而保持清醒的头脑，采取明智的、克制的态度？

本书试图根据作者对酒的研究，从化学的视角来看酒的生产工艺、酒的文化等，讲述了关于水和乙醇化学的入门知识。

本书力求通俗易懂，对一些专业术语或难以理解的内容都加以了详细说明。第3章和第4章加入的一些作者的研究成果对一般读者来说略有难度。由发酵生成乙醇的反应过程极其复杂，即使拥有最新的技术手段，从本质上揭示"酒的熟成"问题也是不可能的，根据熟化技术改变"酒的口味"与人们的喜好相关。或许酒的熟成现象并不能全部用科学的方法加以解释，但是，我们专注于水和乙醇的化学研究，从一个方面正确地解释了酒的熟化现象，本书也是对上述研究成果的总结。

虽然本书涉及一些化学专业内容，但是我们力求将其作为一本普通的科普读物呈献给读者，同时，我们也力争正确、科学地阐述。本书面向一般的大学生和化学、食品化学、酿造学专业的学生及相关专业的技术人员，同时也适用于对水和酒感兴趣的读者，也可作为大学基础教育的教科书使用。

书中若有不当之处，还请给予批评指正。

CONTENTS

目 录

I

本书配有读者微信交流群
扫码入群可获取更多资源

第1章 酒的发展历史

酒的种类名目繁多，颜色各异，酿造用的原料和方法也多种多样。常用的原料是粮食，如高粱、糯米、薯类，其次是水果、豆类等，也有用野生植物等代用品的。酒的颜色变化多端，白的、红的、黄的和绿的。可谓五光十色，应有尽有。根据酒度的多少，酒可分为烈性酒与非烈性酒。非烈性酒包括微含酒精的起泡酒、啤酒等软性饮料及酒度略高的糟酒、水酒和各种果汁酒。烈性酒有中国的各类白酒，国外的威士忌、白兰地、伏特加等。

酒，从它为人们所认识、所接受开始，走过了漫长的发展道路，花色品种越来越多，酿造技术越来越完善，味道也越来越醇厚纯正。为了获得一点关于酒的起源与发展的知识，我们不妨走马观花地做一次上下几千年、纵横数万里的酒国旅行。

到酒国漫游，从哪里开始？换句话说，酒是谁最先发明创造的呢？公元前2世纪，吕不韦集合宾客编纂的《吕氏春秋》上说，"仪狄作酒"，似乎酒是一个名叫仪狄的人发明的，西汉刘向编订的《战国策》说得更具体，"昔者，帝令仪狄作酒而美，进之禹。禹饮而甘之。"也认为是仪狄最先作酒。

另一种说法是"黄帝造酒"，古医书《素问》里就记录了一段黄帝与伯岐讨论造酒的话，这比"仪狄作酒"更早。还有"杜康作酒"说，这比仪狄晚些。其实，这种把远古时代关于酒的发明归功于某一个人的说法，是很不可取的，因为连这些人物本身，都尚且在传说之中，何况在群居的原始社会里，离开了集体，单靠一个人的力量是搞不出创造发明的。

晋朝人江统著有一篇《酒诰》，其中说道，"有饭不尽""久蓄气芳"，江统在这里说的是谷物酿酒的起源。而就整个酿酒史来讲，最先出现的却不是粮食酒，而是果酒。但是，他所提出的关于自然发酵成酒的理论，对解释早期出现的果酒，也是适用的。

在原始社会里，我们的祖先主要以野果果腹。野果中含有能够发酵的糖类，在酵母菌的作用下会产生一种具有香甜味的液体——这大概便是历史上人类最早饮用的天然果酒了。这种天然果酒，实际上一直存在于自然界中，只是在人类诞生以前，没有谁去认识和饮用它罢了。古代传说中"山猿造酒"的故事，说的就是通过自然发酵用野果酿成果酒。古籍中有关这方面的记载很多，因此，有些专家认为，人类在旧石器时代就已经具有野果自然成酒的初步认识，距今大约有四五千年的历史了。

谷物酿酒与野果自然成酒不一样。谷物的淀粉在经过糖化以前不能直接发酵，因而用谷物酿酒比起含糖野果的自然发酿成酒要复杂得多。公元前 11 世纪西周初期，农业生产和手工业生产都有了进一步的发展，酿酒业也发展成为一个相当庞大的独立手工业部门，朝廷还任命了专门管酒的官员。酒官之长称"大酋"亦称"酒正""酒人"。从文字发展的历史来看，"酒"这个字同甲骨文中的"酉"字有密切的关系。北魏（公元 386—534 年）时期贾思勰所著的《齐民要术》是一部有关农业生产和农产品加工方法的珍贵典籍，书中论述了制曲酿酒的技术和原理，称得上世界最早的酿酒工艺学。我国人民在酿酒过程中早已认识到酶的催化作用，与国外在 1897 年才发现磨碎的酵母菌滤液能使糖类发酵相比，早了 1300 多年。随着我国的制酒业不断发展，先后出现了用"干酵""红曲霉"等制酒的方法。酒的品种越来越多，浓度也越来越高，从糟酒到过滤酒，再到后来的蒸馏酒，无论是制酒技艺之巧妙，还是酒类品种之繁多、风格之特异，都是世界各国无法比拟的。

酒类产生之初，浓度较低，具有天然的芳香甜美滋味，深受人们喜爱，普及发展很快。渐渐地，部分人嗜酒成瘾、滥饮无节，酗酒滋事的现象多有发生，造成了很多危害，引起了社会的普遍关注。在这种情况下，有人提出了禁酒的主张。

周灭商后（约公元前 11 世纪），武王姬发接受了殷纣设"酒池肉林"而亡社稷的教训，极力主张禁酒。发现酗酒者，即行缉拿，轻者坐牢，重者处死。千百年来，一方面随着社会生产的发展，酒的生产也在不断发展；另一方面，随着科学的进步，人们对酒的认识，特别是对酗酒危害的认识也在不断深化。酗酒已成为当今世界的一大问题，引起越来越多人的重视。因此，我们漫游"酒国"，简单地了解了酒的历史之后，还有必要对酒做进一步的认识。

本书配有读者微信交流群
扫码入群可获取更多资源

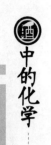

第2章 酿酒的主要物质——水

水是制造酒的最基础原料，所以生产用水水质的优劣，不仅直接影响到酒的品质，而且关系到饮酒者的健康。所以酿酒时，有必要了解水质情况。

2.1 天然水的组成和特征

对水的认识，人类经历了相当漫长的历程。在我国仰韶文化出土文物的彩陶上，早已有"水"的象形文字；1781年，卡文迪西首先发现氢气在空气中燃烧生成唯一的产物是水，证明水是氢、氧元素的化合物；1784年，英国科学家测定了水的分子式是 H_2O；1908年，法国物理学家佩林因为计算出水分子的大小，从而获得了1926年的诺贝尔物理学奖。近代结构理论的研究指出，H_2O 分子呈 V 形结构，经 X 射线对水晶体（冰）结构的测定，证明两个 O—H 键间形成 $104.5°$ 的夹角。由于水分子的不对称结构，所以水是极性分子（图2-1）。

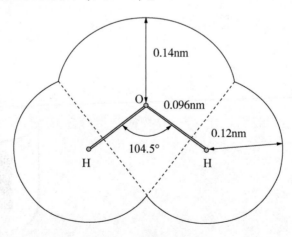

图2-1 水的分子构造

沸点时测定水蒸气的相对分子质量是 18.64，表明此时除单

分子 H_2O 之外，还有约 3.5% 的双分子水 $(H_2O)_2$ 存在，液态水的相对分子质量则更大，说明液态水中含有较复杂的 $(H_2O)_n$ 分子(n 可以是 2、3、4…)。事实证明，水中含有由简单分子结合而成的复杂分子 $(H_2O)_n$，这种由简单分子结合成为较复杂的分子集团而不引起物质化学性质改变的过程，称为分子的缔合。液态水中除含有简单分子 H_2O 外，同时还含有缔合分子 $(H_2O)_2$、$(H_2O)_3$ 等，此时缔合分子和简单分子处于平衡状态。缔合是放热过程，解离是吸热过程，所以，温度升高，水的缔合程度降低(n 减少)，高温时水主要以单分子状态存在；温度降低，水的缔合程度增大(n 变大)。

众所周知，水最常见的有三种相态分别为：固态、液态和气态。但是水却不只有三态，还有超临界流体、超固体、超流体、费米子凝聚态和等离子态等。水是在天然状态下三态共存的唯一物质，也是天然状态下唯一的液体。更为有趣的是，水是唯一一种固态比液态轻的物质。大家都知道，大多数物体都有热胀冷缩的性质，但是水却热胀冷也胀，只有在 4℃ 时，密度最大，体积最小，高于 4℃ 或低于 4℃ 时，体积都会膨胀。这主要由分子排列决定，也可以说由氢键导致。由于水分子有很强的极性，能通过氢键结合成缔合分子。液态水，除含有简单的水分子 (H_2O) 外，同时还含有缔合分子 $(H_2O)_2$ 和 $(H_2O)_3$ 等，当温度在 0℃ 水未结冰时，大多数水分子是以 $(H_2O)_3$ 的缔合分子存在，当温度升高到 3.98℃(101.325kPa)时水分子多以 $(H_2O)_2$ 缔合分子形式存在，分子占据空间相对减小，此时水的密度最大。如果温度再继续升高到 3.982℃ 以上，一般物质热胀冷缩的规律即占主导地位了。水温降到 0℃ 时，水结成冰，水结冰时几乎全部分子缔合在一起成为一个巨大的缔合分子，在冰中水分子的排布是每个氧原子有 4 个氢原子相连接而成四面体，每个氢原子与两个氧原子相连接(图 2-2)。冰的结构中有较大的空隙，所以冰的密度反比同温度的水小。

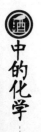

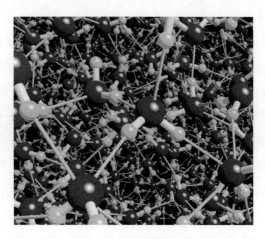

图 2-2   液体水的构造(基于理论计算)

水的比热容为 $4.2 \times 10^3 J/kg$，在所有液态和固态物质中，其比热容最大。这是因为水中存在缔合分子，当水受热时，要消耗相当多的热量使缔合分子解离，然后才使水的温度升高。由于水的比热容较大，所以水对调节气温起着巨大的作用。工业生产上把水作为传热的介质，就是利用水的比热容大这一特性。

在相同的条件下，水的表面张力比其他液体大得多。水分子之间的吸引使得水有一定的形状，如在重力场中水滴是上小下大的尖椭圆球体而不是散开的。也正是水分子之间的这种内聚力使得水与空气接触的表面形成了与水内部不一样的特征，即表层分子因所受内聚力不同而具有比内部水分子更高的势能，于是产生表面的收缩，在表层上形成一定的张力，可以承受一定的重量。同样在水与容器的接触处，由于水分子之间和水分子与容器的固体分子之间分子作用力的共同作用，水会沿壁上升或是下降一定的位置，这就是水的毛细现象。对于植物的根脉来说水是浸润的，即水会在没有外来压力的情况下自动沿植物的毛细管或毛细缝上升，其上升高度与毛细管的直径、水溶液本身所含物质以及地球的引力等因素相关。对于大多数不足 1m 的植物而言，利用水的毛细现象吸收水分是一个重要的手段。如果在生活中水没有了这一特性，你洒在桌上的水也就无法用布或纸吸干了。

2.2　水——生命之源

一旦失去了水，万物将无法生存。人可以一两个星期不进食，但不能几天不喝水。众所周知，生命是由细胞组成的，细胞必须浸泡于水中才能得以成活。年轻人细胞内的水分约占42%，老年人则只占约33%，这是因为细胞缺水，导致干燥，而干燥是老化的主要表现，故此皮下组织渐渐萎缩，产生皱纹。所以从这一层意义上来说，人老的过程就是失去水分的过程。人体如果失去占体重15%~20%的水量，生理功能就会停止，继而死亡。

一滴水，用肉眼看，里面什么也没有，只是一颗透明的水珠，但是把它放到显微镜下观察，一个庞大而复杂的微生物奇异世界就会展现在你眼前，其中既有"动物"又有"植物"还有细菌，它们形态不一，大小各异，大多数只有千分之几厘米，一滴水就是它们生活、繁衍、死亡的全部世界。别小看一滴水里的微生物，它们在整个生物链中担负着最基本的工作。细菌把死亡的生物尸体分解成各种营养成分，起到了净化水质的作用，还使得水里的营养成分循环不息，为其他浮游生物提供了基本的生存条件。如果水里没有细菌，浮游生物就不可能繁殖，而各种浮游植物又为浮游动物提供了原始食物，要是没有它们，水里的大生命体就会饿死。一滴水中的微生物菌群构成了一个极微小的生态乐园，其中的每一个生命体都发挥着不可替代的作用，它们通过不断的净化和淘汰来保持优良的水质，并维持着微生物菌群间的生态平衡。

然而一滴水的生态圈又是非常脆弱的。如果有一滴污水和它相遇，那对它来说将是一场生态灾难，可能会使本来无条件致病的病原变异成有害毒病原。人畜疾病的病原微生物，如沙门菌、大肠杆菌以及引起鱼虾病的嗜水汽单胞菌、呼肠弧病毒等都会在水中大量繁殖，能对人类造成灾难性的后果。

2.3　水的"衰老"

说起衰老，我们最常想起的会是人类本身，当然还有那些具

有生命的动物、植物和微生物。可是，水只是一种无机化合物，难道它也有生命，也会"衰老"吗？

其实水也会老化，这是因为水分具有一定的极性，因此分子与分子之间可以通过氢键形成一种链状结构。当水不经常受到撞击，也就是说不经常处于运动状态时，这种链状结构就会不断扩大、延伸，从而使水不断"衰老"，最终变成"死水"，即老化水。

研究表明，刚被提取的，处于经常运动、撞击状态的深井水，每升水中的亚硝酸盐会比在室温下储存 3 天后的深井水中的含量少很多；原来不含亚硝酸盐的水，在室温下存放 1 天后，也会产生亚硝酸盐，而存放时间越长，亚硝酸盐含量也越高。事实上，亚硝酸盐可进一步转变为致癌物——亚硝胺。而未成年人如常饮用老化水，细胞的新陈代谢会明显减慢并影响生长发育，而中老年人饮用后，则会加速衰老。因此，养成良好的饮水习惯，不饮用长期存放的桶装或瓶装水，将有利于我们的健康。

2.4 水的分类

根据水中氯化钠的含量，可以分为淡水和咸水。淡水是指含盐量小于 500mg/L 的水，人们通常的饮用水都是淡水，咸水是与淡水相对的概念，指溶解有较多氯化钠（通常同时还有其他盐类物质）的水，主要包括海水和一部分湖泊（咸水湖）水。水中含有大量盐分，味道又咸又苦的就是咸水。地球上的水绝大部分是咸水，最多的是海洋水，其次是一些咸水湖湖水，咸水不能直接饮用。随着地球人口增多，淡水资源危机日益突出，人们在研究利用高科技技术降低咸水盐度，供人类利用。另外，常见的水还有地表水、地下水、自来水和纯净水等。

地表水是来自湖泊及江河的水，通常含盐量较低，但由于受到工业及生活污水排放的影响，会含有大量的微生物及化学物质。据报道，全世界在天然水中检测出 2000 多种化学污染物，同时还存在一些传染病毒。因此地表水不能直接饮用，必须经过复杂的净化过程才能饮用。

地下水是指泉水或人工开采的井水。受工业污染的机会较少，一般不含有微生物、化学物质及病毒。如果取水过程没有受到微生物污染，可以直接饮用，但是这类水口感不好，同时还会引发一些疾病，如肾结石等。

自来水是指城乡居民的主要生活用水。它以地表水或地下水为水源，通过絮凝、澄清、纯化和消毒等处理过程，其水质符合国家规定的饮用水标准。一般来说，自来水是比较洁净和安全可靠的，但是随着酸雨、咸潮、工业废水、农药的使用、家庭污水的排放、二次供水的水箱污染以及管道的老化等问题，我们的饮用水源已受到较大污染。

纯净水是以自来水或井水为水源，经过活性炭吸附、微孔膜、超滤膜等过滤而成。过滤后除去自来水中有机物、悬浮物后，还保留自来水中的无机盐。符合国家饮用水标准的净化水，适用于生活饮用水的各种场合。

2.5　水的硬度与生命元素

根据水质的不同，水可以被分为软水和硬水。天然的地表和地下水，往往含有从地层中溶出来的，主要成分为钙和镁的无机盐。所以根据水中钙镁含量的多少，将水分为软水和硬水。软水是指硬度低于 8 度的水(不含或较少含有钙镁化合物)，硬水则是硬度高于 8 度的水(含较多的钙镁化合物)。

需要注意的是，我国饮用水的水质标准规定，水的硬度不得超过 25 度，如大于 25 度，会引起无机盐代谢的紊乱，从而影响健康。饮用水的最理想硬度为轻度硬水和中度硬水，这种水不但味道好，而且对身体健康有益。

根据水中所含无机盐的不同，硬水又可分为永久性硬水和暂时性硬水。永久性硬水是指虽经煮沸，水中含有钙和镁的硫酸盐、硝酸盐及氯化盐也不发生沉淀，水质不能变软的水；暂时性硬水则指经过煮沸之后，水中的碳酸钙发生沉淀，释放出二氧化碳，水质会变软的水。有些地方的井水、泉水有苦涩味，即是高度硬水。轻度和中度硬水甘甜可口，从酿酒的角度来看，这是非常好的水。而软水则显得淡而无味，即便这种水所含金属元素较

少，但是对酿酒而言，也非最佳用水。在我国，从饮用水源来看，北方地区以地下水为主，硬度高，属于硬水；南方多以地表水，如江、河、湖、塘水为主，属于软水。一些南方人从小饮惯软水，若突然改饮硬水，会出现胃肠功能紊乱，如腹胀等现象，这就是常说的"水土不服"，需要适应一段时间，方可恢复正常。

当各种纯净水、矿泉水流行于市场的时候，研究人员提出只有满足以下七条标准的水才能算是理想的"健康水"：

① 不含任何对人体有毒有害及有异味的物质；

② 水的硬度介于 $30\sim200$(以碳酸钙计)之间；

③ 人体所需的矿物质含量适中；

④ pH 值呈弱碱性($7\sim8$)；

⑤ 水中溶解氧不低于 7mL/L 及适度的二氧化碳；

⑥ 水分子团半幅宽小于 100Hz；

⑦ 水的媒体营养生理功能(溶解力、渗透力、扩散力、代谢力、乳化力、洗净力等)要强。

针对全球严重的水污染，人们不得不采用各种各样的净水加工方法，将水中的重金属、微生物、有机物、放射性物质去除。但是长期饮用这样的水，并不利于健康。有人认为，纯净水中所缺少的人体需要的矿物质完全可以通过食物来补充，但问题其实并非那么简单，因为失去了矿物质的水，其性能也随之发生变化。

首先，水中所含的矿物质如同水分子团中的支架，抽走了支架即改变了水的结构。这种水无法直接透过细胞膜进入细胞，更不能将人体所需要的营养运送到细胞内。因此，长期喝纯净水会影响营养物质的吸收利用及体内沉积，加速养分的流失。其次，水中的钙、镁离子被医学家们称为人体保护性元素，它能抵御其他有害元素的侵袭。

2.5.1 水中的生命元素

健康水强调在水中保持适宜的矿物质含量、适宜硬度、适宜氧和二氧化碳、pH 呈中性或微碱性等。健康水具有这样的性质是因为含有许多活性物质，而生命活动是许多活性物质参与的各种化学反应的结果，这些活性物质称为生命元素。生命元素有氢、硼、碳、氮、氧、氟、钠、镁、硅、磷、硫、氯、钾、钙、钒、锰、铁、钴、锌、铜、硒、碘等。水中含有的这些生命元素，易被人体吸收，长期饮用不仅保健，还能有效预防多种疾病。

组成人体的诸元素中，占人体总重量万分之一以上者称为宏量(或常量)元素，宏量元素合计占人体总重量的 99.95%，是人体的必需元素。宏量元素有氢、碳、氮、氧、钠、镁、磷、硫、氯、钾等。占人体总重量万分之一以下者称为微量元素，它们合计占人体总重量的 0.05%。微量元素有铁、锌、铜、钴、铍、锰、铬、硒、硅、氟、钒、碘、铝、溴、硼、钡、砷、锂、镍、锡等 40 多种。微量元素虽然只占人体总重量的 0.05%，但对人体的营养和新陈代谢有着至关重要的作用。它们可以保存细胞中的水分，维持"李子形"细胞的形状和结构，并调节细胞内的酸碱平衡。主要表现在以下几个方面：

① 能把普通元素运到全身；

② 是体内酶的激活剂，丢失微量金属时，酶就会丧失活力，当重新得到时，酶就恢复了活力；

③ 能帮助肌体的激素发挥效用，促进内分泌腺分泌物进入血液，调节生理功能；

④ 在体液内能调节渗透压、酸碱平衡，维持人体的正常生理功能。

2.5.2　生命元素的作用

中国平衡膳食宝塔的塔底应为水(包括水量、水质)，它除了是生命体的主要组成部分，还参与所有固形营养素在人体内代谢的全过程，水中矿物质在人体中发挥着重要的作用。

① 水中的矿物质是人体的保护元素。对于水中矿物质，首先应强调钙、镁离子的含量，它们被医学家称为人体的保护元素，能抵抗其他有害元素的侵袭。

② 水中的矿物质不仅具有营养功能，而且水中的钙、镁等离子对保持水的正常构架、晶体结构起了很大的作用，水的结构变化必然会带来水的性质和功能的变化。

③ 水参与机体内所有酶的构成及相应功效，因此，水的好或坏，对于人体的物质代谢、信息代谢、能量代谢和生命传递等都有很大的影响。

④ 维持人体体内酸碱平衡。人体体液的 pH 值为 7.3~7.4。去除水中矿物质后，水的 pH 值一般<6.5。水越纯净，pH 值越低。pH 值为 7~8.5 的水对于保持和协调人体酸碱平衡有很大的作用。

⑤ 维持人体体内的电解质平衡。纯净水属低渗水，容易造成人的体液及每个细胞的内外渗透压失调。

⑥ 国外医学实验报道，没有矿物质的水容易造成体内营养物质流失，而且不利于营养物质的吸收和新陈代谢。

⑦ 水中的矿物质呈离子态，容易被人体吸收，而且比食物中的矿物质吸收快。通过同位素测定，水中矿物质进入人体 20min 后，就可以分布到身体的各个部位。

⑧ 水中的矿物质可满足人体每日所需矿物质的 10%~30%。

2.5.3　主要矿物质的具体作用

钙离子：世界卫生组织认为，水质标准中应当明确规定钙的最低含量，并认为水中钙的含量应当>20mg/L。人体钙不足会导致动脉硬化、高血压、结石和骨质疏松等疾病。缺钙影响婴幼儿、青少年生长发育，以及中老年人身体健康。矿泉水富含钙，而且钙在水中以离子状态存在，极易吸收，能起到很好的补钙作用。

镁离子：人体所含的镁元素是细胞内仅次于钾的第二重要的阳离子。它是大脑、心脏、肾脏、肝脏、胰腺、生殖器官和许多其他组织中维持能量代谢稳定的关键元素。它能够通过稳定细胞膜功能，维持线粒体的完整性，从而影响体内抗氧化物，影响抗氧化还原系统的基因表达产物等一系列直接或间接途径来发挥抗氧化作用。另外，镁是人体内合成过程必不可少的，与细胞核 DNA 的稳定以及骨骼钙化有关的元素。人体细胞内新陈代谢能否正常进行，酶的作用是关键，而好几百种酶的催化活动必须靠镁的激活。常喝含镁的矿泉水可以治疗心律失常和心肌坏死，水中的钙、镁元素的重要性越来越被人们所认识。20世纪90年代在对心血管病的发病率进行流行病学调查中发现，水中的钙和镁与心血管病的患病率呈正相关。饮水中的钙和镁直接或间接地对健康产生影响。一般认为，水中的镁和钙含量分别应为10mg/L以上和20~30mg/L。我国比较适合健康水的水中的钙镁离子之和应为50~100mg/L，最高不得超过450mg/L，最低不得低于30mg/L。

钾离子：钾是细胞内部最主要的水分调节因子，能够维持细胞内的渗透压。钾主要存在于细胞内液，有保持神经肌肉正常功能的作用，也有益于心肌收缩运动的协调，长期饮用含钾矿泉水，可使低钾引起的心律失常得到改善。

钠离子：钠大部分存在于细胞外液和骨骼中。钠对肌肉收缩和心脏血管功能的调节都是不可缺少的。人每日最少需要钠500mg，美国的心脏协会建议每日摄入钠含量不得超过2400mg，饮用含有钠离子的矿泉水，具有促进胃肠蠕动、胆汁排泄、血管收缩等作用。

水中的钠和钾是维持人体细胞内、外液电解质平衡的主要矿物元素。维持细胞内外钠钾离子的浓度差，每次有2个钾离子通过钠钾泵进入细胞，就会有3个钠离子排出细胞外。当人处于脱水状态时，就会导致一部分钾离子流出细胞，终以尿液或者汗液排出体外。人体长期处于缺乏钾离子的状态，导致肾脏中积存过多的钠离子，可诱发高血压、高胆固醇、心脏病和心律不齐等疾病。

偏硅酸：可软化血管，使人的血管壁保持弹性，对动脉硬化、心血管和心脏病有明显的缓解作用。

锌：可维持DNA的装配和基因的准确表达，在200多种酶和关键蛋白质的合成中起着重要作用。它可增强人体创伤的再生能力，加速创伤组织的愈合；还参与多种酶的组成，能够影响细胞的分裂、生长和再生。

碘：人体缺碘会引起甲状腺肿大，碘对人体甲状腺的生长发育及甲状腺素的正常合成分泌具有不可替代的作用。

此外，水中所含的各种宏量和微量元素还具有促进细胞新陈代谢，保持神经肌肉兴奋；改善造血功能，提高人体免疫力；镇静安神，控制神经紊乱；刺激免疫球蛋白及抗体的产生，抗癌解毒；促进生长发育，增强创伤组织再生能力等功效。

2.6　水与酒的关系

水为万物之本，水也是酒的载体，不管是利用传统技术酿酒还是现代新工艺技术酿酒，水质决定了酒质，而在酒的酿造过程中需要用到水的地方是十分多的，如果离开了优质的水，肯定不能酿造出高品质的酒，所以在酿造一款酒的过程中对于水质的要求也是十分严格的。

水在白酒酿造过程中的作用主要体现在为微生物的服务上。它可以为白酒发酵中的各种微生物提供水分，并且还能够携带多种可溶性营养组分，为微生物提供食物，还为微生物提供一种工作微环境，这种微环境主要是指微生物周围的环境状态。这种状态的形成是水和配料相互作用后的结果，而且这种状态是随着发酵酿造进程的改变而改变的。白酒生产中用的水是指与原料、半成品、成品直接接触的水，但实践证明，对白酒品质影响较大的是酿造用水。酿造用水中所含的各种成分，均与有益微生物的生长、酶的形成和作用，以及醅或醪的发酵直至成品酒的质量密切相关。水质不良会造成酿酒糟醅的发酵迟钝、曲霉生长迟缓、曲温上升缓慢、酵母菌生长不良等状况，影响呈香物质的形成，还会造成白酒口味上的涩苦，出现异臭、变色、沉淀等现象。此外，水的 pH 值、硬度、氯含量、硝酸盐含量对酿酒都有十分重要的影响。丰富的水源除了为酿酒提供了必要的物质基础，庞大的水系也造就了独特的自然环境，由此形成的"微气候"对酿酒也具有十分重要的作用。如赤水河流域的年平均气温为 $18℃$，湿热的空气和适宜的温度为微生物群繁衍生息提供了绝佳条件，只要进入茅台镇范围，就由远而近闻到越来越浓厚的酒香，其实这飘忽空中、移步不同的香味，就是肉眼看不到，却能闻得到的微生物精灵。

威士忌、白兰地、烧酒等蒸馏酒，以蒸馏后窖藏几年的老酒为佳品。发酵酒中，清酒和中国的绍兴酒也讲究老酒。而研究证实，水质对这些酒的成熟度起着重要作用。

窖藏之所以使酒香更加浓郁，是因为酒精分子进入到水分子的环境中，被水包围。而新酒由于水分子和酒精分子分散，饮用时令人感到辛辣和刺激。可以说酒的成熟度就是水分子和酒精分子的结合程度。将酒储藏到何种浓度才能得到最理想的酒精成熟度呢？用核磁共振等分析手段对酒精和水的混合溶液进行检测，结果表明，乙醇浓度达到60%时，乙醇分子进入水分子间隙的比例最高，溶液体积减小了近3%。一般而言，将60度的酒置于酒樽或陶器中储藏，或将酒调制成约40度进行装瓶销售，都遵循了要使水分子与乙醇分子之间发生强烈缔合的原理。

2.7 水的卫生标准和法规

目前，国际上具有权威性、代表性的饮用水水质标准主要有三部：世界卫生组织（WHO）的《饮用水水质准则》、欧盟（EC）的《饮用水水质指令》和美国环保局（USEPA）的《国家饮用水水质标准》。其他国家和地区多以这3个标准为基础或参考制定本国饮用水标准。如中国香港，东南亚的越南、泰国、马来西亚、印度尼西亚、菲律宾，以及南美的巴西、阿根廷，还有南非、匈牙利和捷克等都是采用WHO的饮用水标准。欧洲的法国、德国、英国等欧盟成员国和中国澳门则均以EC指令为指导。而其他一些国家如澳大利亚、加拿大、俄罗斯、日本同时参考WHO、EC、USEPA标准，我国则有自己的饮用水标准。因此，了解世界卫生组织WHO和世界主要国家生活饮用水卫生标准，对于我们更好地贯彻执行《生活饮用水卫生标准》（GB 5749—2006），探索酿酒过程中对水质的应用和管理，提高用水质量，具有十分重要的意义。

2.8 水的处理技术

常见饮用水深度水处理技术主要有反渗透技术、超滤膜技术、活性炭技术、电解离子水技术、电凝聚技术、磁化水技术、

微电解技术(氧化还原技术)、离子交换技术、精密机械过滤技术和化学处理剂技术等。当前国内外水处理技术不断出现新的研究成果,特别是国外研究的三大水处理技术:膜处理技术、超临界水氧化技术和光催化氧化技术;还有可再生能源在水处理中的开发和应用、新型混凝剂技术、电子射线消毒技术、新型接触载体技术、剩余污泥炭化技术等。

2.8.1 反渗透技术

反渗透(RO)技术是当今最先进也是最节能有效的膜分离技术。在高于溶液渗透压的作用下,利用其他物质不能透过半透膜这一特性将这些物质和水分离开来。由于反渗透膜的膜孔径非常小,仅为 $10Å(1Å = 10^{-10}m)$ 左右,因此能够有效地去除水中的溶解盐类、胶体、微生物、有机物等(去除率高达 $97\% \sim 98\%$)。反渗透技术是目前高纯水设备中应用最广泛的一种脱盐技术,它的分离对象是溶液中的离子和相对分子质量为几百数量级的有机物。反渗透、超过滤(UF)、微孔膜过滤(MF)和电渗析(EDl)技术都属于膜分离技术。近 30 年来,反渗透技术已进入工业应用,主要应用于电子、化工、食品、制药及饮用纯水等领域。

对透过的物质具有选择性的薄膜称为半透膜,一般将只能透过溶剂而不能透过溶质的薄膜称为理想半透膜。把相同体积的稀溶液(例如淡水)和浓溶液(例如盐水)分别置于半透膜的两侧时,稀溶液中的溶剂将自然穿过半透膜而自发地向浓溶液一侧流动,这一现象称为渗透。当渗透达到平衡时,浓溶液侧的液面会比稀溶液的液面高出一定高度,即形成一个压差,此压差即为渗透压。渗透压的大小取决于溶液的固有性质,即与浓溶液的种类、浓度和湿度有关而与半透膜的性质无关。若在浓溶液一侧施加一个大于渗透压的压力时,溶剂的流动方向将与原来的渗透方向相反,开始从浓溶液向稀溶液一侧流动,这一过程称为反渗透。反渗透是渗透的一种反向迁移运动,是一种在压力驱动下,借助于半透膜的选择截留作用将溶液中的溶质与溶剂分开的分离方法,它已广泛应用于各种液体的提纯与浓缩,其中最普遍的应用实例便是在水处理工艺中,用反渗透技术将原水中的无机离子、细菌、病毒、有机物及胶体等杂质去除，以获得高质量的纯净水。

2.8.2 超滤膜技术

超滤(UF)是以压力为推动力，利用超滤膜不同孔径对液体进行分离的物理筛分过程。分子切割量(CWCO)一般为6000~500000，孔径为100nm。1748年，Schmidt用棉花胶膜分滤溶液，当施加一定压力时，溶液(水)透过膜，而蛋白质、胶体等物质则被截留下来，其过滤精度远远超过滤纸，于是提出超滤一词。1896年，Martin制出了第一张人工超滤膜。20世纪60年代，是现代超滤的开始，70年代和80年代是高速发展期，90年代以后开始趋于成熟。我国对该项技术研究起步较晚，70年代尚处于研究期，80年代末才进入工业化生产和应用阶段。

超滤和微滤也是以压力差为推动力的膜分离过程，一般用于液相分离，也可用于气相分离，比如空气中细菌与微粒的去除。超滤所用的膜为非对称膜，其表面活性分离层平均孔径为10~200Å，能够截留相对分子质量为500以上的大分子与胶体微粒，所用操作压差为0.1~0.5MPa。原料液在压差作用下，其中溶剂透过膜上的微孔流到膜的低限侧，为透过液。大分子物质或胶体微粒被膜截留，不能透过膜，从而实现原料液中大分子物质与胶体物质和溶剂的分离。超滤膜对大分子物质的截留机制主要是筛分作用，决定截留效果的主要是膜表面活性层上孔的大小与形状。除了筛分作用外，膜表面、微孔内的吸附和粒子在膜孔中的滞留也使大分子物质被截留。实践证明，膜表面的物化性质对超滤分离有重要影响，因为超滤处理的是大分子溶液，溶液的渗透压对过程有影响。从这一意义上说，它与反渗透类似。但是，由于溶质相对分子质量大、渗透压低，可以不考虑渗透压的影响。

微滤所用的膜为微孔膜，平均孔径为0.02~10μm，能够截留直径为0.05~10μm的微粒或相对分子质量>100×10^4的高分子物质，操作压差一般为0.01~0.2MPa。微滤过程对微粒的截留机制是筛分作用，决定膜的分离效果是膜的物理结构、膜孔的形状和大小。

超滤膜一般为非对称膜，制造方法与反渗透法类似。超滤膜

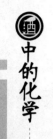

的活性分离层上有无数不规则的小孔，且孔径大小不一，很难确定其孔径，也很难用孔径去判断其分离能力，故超滤膜的分离能力均用截留相对分子质量予以表述。能截留90%的物质的相对分子质量定义为膜的截留相对分子质量。工业产品一般均是用截留相对分子质量方法表示其产品的分离能力，但用截留相对分子质量表示膜性能亦不是完美的方法，因为除了分子大小以外，分子的结构形状、刚性等对截留性能也有影响，显然当相对分子质量一定时，刚性分子比易变形的分子，球形和有侧链的分子比线性分子有更大的截留率。目前，用作超滤膜的材料主要有聚砜、聚砜酰胺、聚丙烯氰、聚偏氟乙烯和醋酸纤维素等。

微滤膜一般为均匀的多孔膜，孔径较大，可用多种方法测定，可直接用测得的孔径表示其膜孔的大小。反渗透、超滤和微滤均以压差作为推动力的膜分离过程，它们组成可以分离溶液中的离子、分子、固体微粒的三级分离过程。根据所要分离物质的不同，选用不同的方法。值得一提的是，这三种分离方法之间的分界并不十分严格。

2.8.3　活性炭水处理技术

活性炭(GAC)是一种非常优良的吸附剂，它利用木炭、各种果壳和优质煤等作为原料，通过物理和化学方法对原料进行破碎、过筛、催化剂活化、漂洗、烘干和筛选等一系列工序加工制造而成。它具有物理吸附和化学吸附的双重特性，可以有选择地吸附气相、液相中的各种物质，以达到脱色精制、消毒除臭和去污提纯等目的。

活性炭已被广泛应用于水的常规处理和深度处理中。由于活性炭自身的物理特性——超强的吸附能力，用于解决吸附水中难闻的味道、残余氯和脱色等，已成为去除水中有机污染物最成熟、最有效的方法之一。国内有研究发现，活性炭对水中氯化产生的致突变物质亦有去除作用。然而活性炭在水处理，特别是用于饮用水深度处理的净化设备中，也存在着无法解决的问题，即活性炭介质的自身污染问题。它就像一个超级的海绵，在吸附大量有毒有害污染物的同时，在它的微孔中会繁殖大量的细菌。实验表明，当活性炭过滤器使用一定期限，会吸附大量的有机污染物，而具有杀菌作用的余氯又不存在，此时微生物极易繁殖，有机物在微生物的作用下于活性炭的界面上发生分解，有机氮逐步分解为蛋白氮、氨氮、亚硝酸盐氮，致活性炭过滤器中的水，亚硝酸盐含量增加，反而污染水质。

银的杀菌作用早在远古就被人类发现。19世纪末，路易斯·巴斯德就发现将金属银放入盛水的容器中，能显示出银的杀菌性能。在中国人们使用银制餐具，在国外人们在鲜牛奶中放入银币以延长牛奶的保存时间等，都是最早应用银抗菌的实例。随着科学的进步，人们发现胶质银（粒径 10~100nm）能有效地对抗 650种以上不同的传染疾病，另有 8 种病菌能够对抗胶质银。在青霉素发现以前，银有"古老的抗生素""纯银对人体是百益而无一害"之说，因此美国食品药品监督管理局（FDA）允许胶质银上架销售。正因为银的这种抗菌性能，因此被首选为抗菌剂的材料。

在国外，抗菌制品已形成一项产业，日本在 1993 年就成立了"银等无机系抗菌剂研究会（银研会）"。1998 年 6 月以"银研会"成员为基础成立了"抗菌制品技术协会"，并制定了行业标准。据此，科学家将活性炭的吸附能力与银的抗菌性结合，生产出活性炭和银的结合产物——载银活性炭，使其不仅对水中有机污染物有吸附作用，还具有杀菌作用。使水在活性炭内不会滋生细菌，避免活性炭过滤器出现亚硝酸盐含量增高的问题。

2.8.4　电解离子水技术

自来水经过过滤后，流过离子水生成器的电解板（一般为钛铂合金）进行电解。水中的钾、钠、钙、镁等带有正电荷的离子向阴极流动形成碱性离子水；氯、硫、磷等带有负电荷的离子向阳极流动形成酸性电解水，电解 pH 值为 4~10。通过电解生成两种活性水，集中于阴极流出来的为碱性离子水（供饮用），集中于阳极流出来的为酸性离子水（供外用），电解水生成器的制造原理是以分离膜为媒介在水中施以直流电压。而分离出碱性水和酸性水。由于水中的钙、镁、钠、钾等矿物质多聚集至阴极，氢氧离子增加而成为碱性水；氧、硫酸、硫黄等被吸引至阳极，增加氢

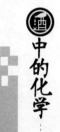

离子而生成酸性水。阴极含有较多矿物质，成为适合饮用的碱性水，阳极水则可当作消毒用的酸性水。

以自来水为原料，自来水在通过电解水机时，水在电解过程中被功能化。电解水行业面市至今，已在欧、美、日、韩和东南亚等地得到了极大发展。以日本为例，日本是电解水机的发源地，也是目前发展最好的国家。1931 年，日本研制出世界上第一台电解水机；1966 年日本厚生省将电解水机作为医疗器械，并承认它对于胃肠疾病的疗效；1994 年，日本厚生省成立"电解水研究委员会"。

2.8.5 电凝聚技术

电化学水处理技术是指在导电介质存在的条件下，通过电化学反应而除去水中污染物的方法。电化学净化技术分为有电能消耗(加电)和无电能消耗(自发过程)两类。有电能消耗的技术又分为电凝聚电气浮、电沉积、磁电解法、微电解法、三维电极水处理技术和电化学氧化等。电化学净化技术的一般原理是在直流电场的作用下，水通过电解槽在阳极氧化、阴极还原或发生二次反应而被去除，最终使水得到净化。电化学水处理技术的优点如下：

① 电子转移只在电极及水组分间进行，不需另外添加氧化还原剂，避免外添加药剂而引起的二次污染问题；

② 可以通过改变外加电流、电压，随时调节反应条件，可控制性较强；

③ 过程中可能产生的自由基，无选择地直接与水中的有机污染物反应，将其降解为二氧化碳、水和简单有机物，没有或很少产生二次污染；

④ 反应条件温和，电化学过程一般在常温常压下就可进行；

⑤ 反应器设备及其操作一般比较简单，如果设计合理，费用并不贵；

⑥ 若排污规模较小，可实现就地处理；

⑦ 当水中含有金属离子时，阴、阳极可同时起作用(阴极还原金属离子，阳极氧化有机物)，以使处理效率尽可能提高，同

时回收再利用有价值的化学品或金属；

⑧ 既可以作为单独处理，又可以与其他处理相结合，如作为前处理，能提高废水的可生物降解性；

⑨ 兼具气浮、絮凝、消毒作用；

⑩ 作为一种清洁工艺，其设备占地面积小，特别适合于人口拥挤城市水处理。

电凝聚气浮法又称电絮凝，用于可溶性电极铝或铁产生氢氧化铝、氢氧化铁的电解法，通常称为电凝聚法。这种方法生成的氢氧化铝要比从硫酸铝水解生成得更为活泼，活性也大，对水中的有机物、无机物具有强大的凝聚作用，可广泛地应用于饮用水处理、工业用水预处理和污水处理。

电凝聚气浮法是一项有效的水处理技术。其基本原理是水在外电压作用下，利用可溶性阳极，产生大量的金属阳离子，对废水中的胶体颗粒进行凝聚。通常选用铁或铝作为阳极材料，将金属电极(如铝)置于被处理的水中，然后通以直流电，此时金属阳极发生氧化反应产生的铝离子在水中水解、聚合，生成一系列多核水解产物而起凝聚作用，其过程和机制与化学混凝法基本相同。而阴极则产生氢气，与凝聚后产生的絮体发生黏附，从而使絮体上浮而得到分离。此外，电场的作用以及电极上发生的氧化还原反应使水中的部分有机物被氧化，从而去除水中的部分化学需氧量(COD)。

2.8.6　KDF 水处理技术

KDF 是一种高纯度的铜合金，能够完美去除水中的重金属与酸根离子，提高水的活化程度，用这种材料制成的 KDF 滤芯，更有利于人体对水的吸收，保护人体健康，促进人体新陈代谢。

1984 年，Don 在用水泥做炭胶过滤器时，发现铜锌合金可以对氯产生巨大作用。一天早上，他用黄铜圆珠笔搅拌一些化学品，其中有氯的成分。当他注意到代表氯存在的红色逐渐消失时，产生了极大的好奇心。第二天，他用不同的化学品与各种铜锌合金进行实验，直到他的实验现象能不断被重复出现。他发现的电化学氧化还原过程就是氯被还原。

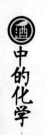

Don 不仅发现了从水中去除氯的新反应，还开辟了水处理的新纪元。Don 发明的新方法，即用金属去除水中的重金属与氯是与传统的通过离子交换去除水中金属的思路背道而驰的。他很快将这项发明产业化，使水处理工业逐渐认可了其"发明"的重要性与实用性。1992 年，KDF85 与 KDF55 处理介质通过了美国国家卫生基金会（NSF）认证，符合饮用水 61 项标准。1997 年，在 KDF 液体处理公司成为美国水质联盟成员 10 年后，KDF55 处理介质通过美国国家标准化组织（ANSI）和 NSF 的饮用水 42 项标准。

KDF 滤料被广泛应用于净化水设备中，用于去除水中的重金属离子。而一般家用中央净水器也使用 KDF 滤料，除了去除金属离子外还能有效去除水中残余氯，余氯在经过高温加热后会产生一种致癌物——三氯甲烷，并且余氯对人体皮肤会造成损害，容易使皮肤发黄、干燥。中央净水设备中的 KDF 滤料能去除水中余氯，保证家庭用水健康。

本书配有读者微信交流群
扫码入群可获取更多资源

第3章 酒的熟成与乙醇水溶液

　　本章主要论述酒的熟成与和有关酒的化学成分，在众多酒的熟成现象和工艺中，主要以其中之一进行举例说明。暂且不看酒的发酵过程，在各种酒的制造与储藏工艺中，酒的熟成含有很多的因素，完全将这些全部理解并加以解释的话，恐怕超越出现在的科学、人类的智慧和技术所能达到的范围。本书并不是为了全部揭示酒熟成机理而著，而是从影响酒的熟成及各种因素中，寻找出最具有代表性的一例加以解说。

　　我们认为最具代表的一例就是考察乙醇水溶液中，水与乙醇分子之间强烈的相互作用。水–乙醇分子之间强烈的相互作用是建立在以乙醇为溶质，水为溶剂这样一种化学溶解现象，而且可以肯定地说，并不是单纯地以时间的变化而变化。基于我们的实验结果和一些客观现象，我们试图通过化学的理解和实验数据来解释酒类的熟成现象。在喝酒时，经常有这样的论点，酒经过储藏的时间越长越好喝。在此不去探讨这样的问题，我们首先尝试在现代科学所能解释的范畴进行了实验和解说。

3.1　乙醇水溶液的氢键

　　在溶液化学的领域中，乙醇水溶液的研究是最引人注目的话题之一，人们特别关注的是通过乙醇与水的氢键结合，溶液的结构及分子之间相互作用的变化。对于乙醇水溶液的结构，正如在第1章中所叙述水的结构那样，固体的冰漂浮在水中、水溶液中，其中水的一部分结构特性被保持如冰一样。对于乙醇水溶液，由于是乙醇溶解于水中，则该水溶液的结构特性也含有乙醇的结构。酒类等酒精饮品中，除水及乙醇外，还含有酸及多酚类、无机盐、氨基酸、糖等各种化学成分。我们主要探讨在酒精饮品中，上述这些溶解的成分如何对水–乙醇之间的氢键产生影响。

在本章，直接阐述我们的观点，即酸和多酚类有机成分强化了乙醇水溶液的氢键结合。在众多的酒类中，如威士忌、日本酒、白酒和鸡尾酒等，水–乙醇的氢键结合是普遍存在的，其结果将在第4章中加以说明和阐述。

这里首先需要强调说明的是，氢键结合并不是简单地指水和乙醇之间氢键的相互作用，需要引起人们注意的是，在乙醇水溶液中，由于溶质乙醇的存在，而引起溶液整体的结构变化。

作为测定溶液结构的方法，通常使用核磁共振（NMR）法和拉曼光谱法。核磁共振法可以观察到在某种物质中，原子的原子核[氢原子核，质子（^{1}H）等]周边电子状态的不同来确定其物质，进而也可以把握物质状态的变化。在水–乙醇的水溶液中，水（HOH）及乙醇（C_2H_5OH）都具有OH基，在本书的实验结果中，更多的是关注OH基质子（^{1}H）的化学位移，来考察和揭示乙醇–水溶液的结构变化。拉曼光谱法与红外光谱法类似，基于分子的振动（OH的伸缩振动），可以详细知道水及乙醇的状态。其横坐标是红外区域电磁波波长的倒数，即波数（用厘米表示则为cm^{-1}），用波数的单位区别能量的状态。

3.2 水的核磁共振和测定值

液体状态的水，若变为固体状态的水就成为冰的结构，将温度从0℃开始升温，在第1章已经详细介绍，由于水的氢键结合变弱，导致水的结构特性变差。如图3-1所示，随着水温降低1℃，纯水中OH质子的NMR化学位移值，将向低磁场方向移动约0.01ppm（数值变大），OH质子向低磁场方向的位移，对应于水的氢键结合变强，相反OH质子向高磁场方向的位移，对应于水的氢键结合变弱，核磁共振的化学位移从原理上讲是提示了磁场的强弱。实际上为了使用方便，常用照射电磁波频率的偏差表示。例如，如果用400MHz（兆赫兹）的电磁波照射，400Hz的偏差为1ppm。

不含无机盐及酸等溶质的纯水，在1个大气压和一定的温度下，水的结构特性是固定的，水的结构特性变化与核磁共振的化

24

学位移值相对应，因此，如果核磁共振的化学位移值变化0.01ppm 单位，或者使用精密度更高的核磁共振仪准确测定其化学位移，我们也可以准确地得到水的温度。

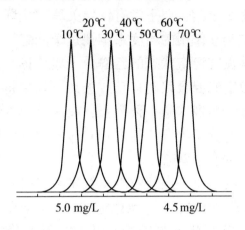

图 3-1　水温度变化与质子 NMR 化学位移的关系

在这里需要说明的是，表示核磁共振的化学位移时有一定的规定。在使用核磁共振时，由于对测定样品施加很强的磁场，所以基准值 0 被设定在很高的位置。举例来说，以身高为 200cm 的人的高度为基准设定为 0 的话，则身高 180cm 的人是 20cm，身高 155cm 的为 45cm，高磁场方向的化学位移值小，低磁场方向的化学位移值大。

简而言之，核磁共振所测定的化学位移数值的大小对溶液结构特性来讲是非常重要的参数，测定值（化学位移值）的数值变大时，表示向低磁场位移，与溶液的结构特性变得井然有序相对应；反之，得到的数值如果变小，表示向高磁场位移，表示溶液本身的结构特性被破坏。

3.3　水与乙醇的混合

对于水与乙醇的混合，与纯水相同，在一定压力和一定的大气压下，如果温度一定，其状态应该是固定的了，但是，关于水-乙醇混合物，还仍然有两个有待解决的问题。

① 水-乙醇混合溶液中，除了最稳定的状态（能量最小的状

态)以外，还存在着准稳定状态(比能量最小值高的状态)；

②水和乙醇混合时，从分子水平来看，并非完全混合，乙醇存在着自身分子间的集合。

在上述①和②之间，似乎没有任何关联，实际上还是存在一定的联系。站在相互作用的角度来审视这个问题，在水和乙醇的混合溶液中，存在准稳定状态的乙醇分子集合体，经过一定的时间，可以向最稳定的混合状态移动。进而，如果将其与酒的熟成概念相对应，可以发现这样一种观点，在未熟成的酒中，存在着准稳定状态的乙醇分子集合，与之相对应的是，熟成状态是水和乙醇达到了稳定的混合状态。

对于尚未解决的第一点问题中所叙述的"准稳定状态"，可以以钻石(成分是碳)为例，对"准稳定状态"一词做一些说明。对于固体碳而言，钻石状态是准稳定状态，最为稳定的状态是石墨。钻石处于比石墨能量高的状态，有可能静静地向石墨变化。但是，不用担心透明的钻石在常温常压下，是否哪一天会变成了黑色的石墨。对于相互不反应的混合气体，例如，将氮气(N_2)和氧气(O_2)以4∶1的比例混合时，由于不会出现混合不完全的现象，所以没有必要担心在房间的某个地方的氧气稀薄而使人窒息。

处于固体和气体中间状态的液体，在混合时就不是那样简单了。并且，我们现在所探讨的还是具有所谓结构特性的液体，然而，对于具有流动性的液体混合而言，长时间保持着那种准稳定状态似乎也是难以想象的，但是对于发生沉淀反应，生成胶体或固体时则另当别论。

具有结构特性物质之间的混合，如水和乙醇之间的混合，其熵值的变化(自由度的获得)比期待值小，该现象尚不能完全解释得清楚，但是得到的实验结果，是来自于观测的准稳定状态，还是能量最低的稳定状态的结果，仍不能很好地加以区别，类似于这样的实验数据，是不能作为科学的对象加以讨论的。

在水和乙醇混合体系中，以微观的(分子水平)角度来看，可以认为存在着乙醇的集合体，在分子水平上这些乙醇尚未与水达到充分混合，对于从微观的角度来对尚未达到充分混合进行理解，或许通过下例可以做一个很好的说明。

如果承认液体具有结构特性这一概念的话，水和乙醇在混合时，基于所看的角度和方向不同，仅能观测到乙醇分子，或者仅能看乙醇形成的集合体。以固体的氯化钠结晶为例加以说明，图 3-2 所示，在 NaCl 结晶中，一个 Na^+ 其周围围绕 6 个 Cl^-，或相反一个 Cl^- 的周围，围绕 6 个 Na^+。以这样的状态，微观的表现就是没有完全混合的。在氯化钠中，由于正电荷和负电荷相互制约，离子的位置自然被固定，由此导致这些离子中氯离子、钠离子的自由度将降低。从理想混合溶液的视点来考虑，熵的变化量应变小。

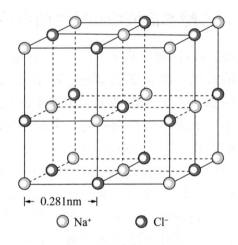

|← 0.281nm →|

○ Na^+ ● Cl^-

图 3-2　氯化钠结晶构造

通过 X 衍射对氯化钠进行结构分析发现，有一个回折平面只有 Na^+，下一个面只有 Cl^-，接下来再是 Na^+，进一步考察来看，高温熔融 NaCl（熔融盐）的结构，如果液体状态的熔融盐依然保持着固体结构特性的话，围绕在 Na^+ 的周围，仍然有 6 个 Cl^- 存在，但是，选择好合适的角度观察的话，有可能仅能看见集合着的 Cl^-。

我们再回过来看水-乙醇的体系，水-乙醇的体系是液体，其状态与固体有很大的不同，只要我们承认水-乙醇体系存在着氢键结合，那么选择合适的观察视点和角度，仅能观察到乙醇分

子，而看不到水分子的存在，这是由于在水－乙醇的混合溶液中，乙醇以集合着的状态存在，将水包围起来的缘故，对于这样的现象，实际上我们平时是不太加以注意和研究的。

本章内容主要有以下三点为前提进行讨论。

① 在水－乙醇混合溶液中，如果温度、压力、溶质的种类等条件发生变化，应快速使其体系的最低能量达到稳定状态。

② 水和乙醇均匀混合使其体系的能量达到最低。但是，即便是在乙醇水溶液中，形成了乙醇的集合体，对后面的探讨并不会有特别的影响。

③ 根据实验所测定的结果，其值不是过渡值，而是稳定状态（平衡状态）的结果。

3.4 盐类对乙醇水溶液结构特性的影响

首先，用气核（^{1}H）核磁共振方法，来考察水－乙醇的结构特性以及溶质成分的效果。图3-3表示在一定温度（25℃）下，加入氯化钠等各种盐的20%乙醇水溶液的OH质子的化学位移值。另外在以后的叙述中，如果不做特别限定，实验结果均是在25℃条件下进行的，乙醇的浓度是指体积分数。在20%乙醇水溶液中，水和乙醇质子（气核）核磁共振的OH信号，只观察到1个峰，或许是由于水的OH信号峰比较高，而乙醇的OH信号如馒头峰状过宽，当乙醇含量不到40%时，从后续的实验结果可知，该信号峰应该是被淹没掉了，因此没能清晰观测到其信号峰。

在20%乙醇水溶液中，几乎所有的盐（除 $MgCl_2$ 及 KF 等），都引起向高磁场方向（数值小的方向）的化学位移，该结果意味着在25℃的条件下，水－乙醇溶液的氢键结合减弱，溶液的结构特性变差。

盐的加入影响到OH的化学位移值，以氯化钠为例，其是由阳离子（Na^+）和阴离子（Cl^-）所构成的，氯化钠对化学位移值的影响，应该是氯离子与钠离子协同作用的结果，钠离子对化学位移值有多大贡献，氯离子对化学位移值有多大贡献，它们各占多大的比例，这是有必要了解的，但是实际上我们并不能通过实验解决上述问题。为了解决这一问题，假定基于铵离子（NH_4^+）化学位

移变化的值为 0，基于这样一个假定，因为 1.0M（1M＝1mol/L）
NH_4Cl 所引起的化学位移值为－0.048ppm，所以 1.0M 的 Cl^- 所引
起的化学位移值被认为是－0.048ppm，按照这样的方法，其他离
子对化学位移值的影响也可以同样求得。

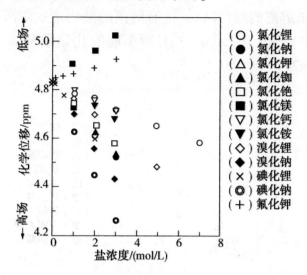

图 3-3　不同盐类的添加对 20%乙醇水溶液的核磁共振化学位移的影响

　　如果将各种离子对化学位移值的影响区分开来看，可以得到
下面的结论，离子半径小的离子，如 Mg^{2+}、Ca^{2+} 及 Li^+ 等，可增
强乙醇水溶液的氢键结合，这时溶液的结构特性变得井然有序。
不仅仅是金属阳离子有这样的特性，对于阴离子，化学位移值与
离子半径（严密来讲应是 r/z，离子半径/电荷）之间也有线性
关系。

　　在水溶液中，离子牵引水的力（水合）与离子大小（离子半
径）的关系是，离子半径越小，所受水合作用就越大。盐或离子
对 20%乙醇水溶液结构特性的影响效果与已经叙述过的纯水有同
样倾向，所以可以认为盐对 20%乙醇水溶液结构特性的影响，与
盐对纯水结构特性的影响效果应该是一致的。

3.5　酸及多酚的效果

　　下面主要探讨有机酸等酸类物质对 20%乙醇水溶液中 OH 质
子化学位移的影响效果（图 3-4），所使用的酸都引起 OH 质子的

化学位移产生变化，即向低磁场方向移动，且与这些酸的浓度成比例。从结果可以看出，由于酸的添加，乙醇水溶液的氢键结合变强，溶液的结构特性变得井然有序。当添加的酸为弱酸时，影响化学位移值有两个因素，因为从弱酸在该溶液中的存在状态来看，既有未解离的酸（HA），也有解离的酸所产生阴离子（A^-）和氢离子（H^+），但是 1.0M 的 H^+ 所引起的化学位移值是很大的，可达到 0.424。

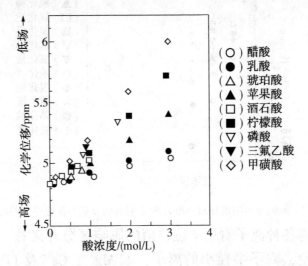

图 3-4　不同有机酸的添加对 20%乙醇水溶液的 NMR 化学位移值的影响

　　弱酸对于化学位移值所产生的影响之中，氢离子的贡献大小与其酸的酸性大小有关，对于 1.0M 的弱酸，氢离子对化学位移值的贡献仅占该弱酸影响化学位移值的 3%～7%。例如，1.0M 醋酸，全体效果是 0.071ppm，其中没有电离的醋酸分子（CH_3COOH）的效果占 0.069ppm，电离的氢离子的效果仅为 0.002ppm，氢离子（H^+）对化学位移的贡献应当是很大的，但是对于弱酸，由于其解离常数太小，导致产生的氢离子很少，所以弱酸对化学位移所产生的影响，更多是来自未解离的酸。

　　强酸与弱酸不同，很难再改变溶液的 pH 值，但强酸的添加可导致乙醇水溶液的氢键结合加强，溶液的结构特性变得井然有序。

关于酸对乙醇水溶液结构特性的影响，有可能是来自酸分子本身的各种官能团、极性等多种因素，不仅仅是酸，由酸生成的共轭碱阴离子（A⁻）对乙醇水溶液结构特性也产生影响，并且由实验数据可知，酸的解离常数（电离常数）pK_a值与化学位移值是有关联的（图3-5）。由于酸可以提供质子（H⁺），共轭碱可以接受质子（H⁺），所以酸的添加被认为是增强了水-乙醇的氢键结合。

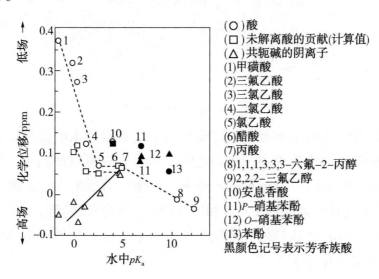

图3-5　酸的酸度对氢键结合的影响

如上所述，在20%乙醇水溶液中，盐对氢键结合的影响依赖于离子的大小（离子半径）和电荷。如果添加的是中性盐时，阳离子和阴离子两者均不产生导致质子移动的效果。但是，在考虑弱酸（HA）或由弱酸生成的盐（NaA）的效果时，可能是酸分子、共轭碱（A⁻）的氢键结合相互作用对质子的移动将起着很大的作用。

苯酚及联苯三酚的加入，导致 OH 质子向低磁场位移的幅度很小。单宁酸（图3-6）、没食子酸、大蒜酸、绿原酸等苯甲酸类和多酚类物质，可以显著地使 OH 质子向低磁场位移。例如1.0M 大蒜酸的位移为 0.363ppm。这一数值与强酸产生氢离子的数值 0.424ppm 相匹敌，尽管大蒜酸是弱酸，但是将 OH 质子向

低磁场移动的能力却表现出有很大的效果，有时大蒜酸和单宁酸还会给出特别大的化学位移值（约2.0ppm）。

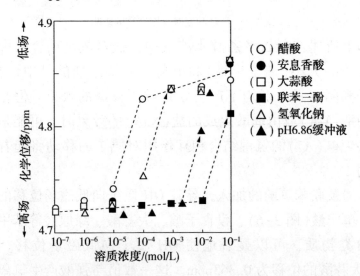

图 3-6　单宁酸的结构

　　在20%乙醇水溶液中，仅能很明了地观察到水的信号峰，但是在60%乙醇水溶液中，水和乙醇的信号峰都可以观测到，所以我们进一步考察了，在60%乙醇水溶液中，溶质对水和乙醇之间OH质子交换的效果（图3-7和图3-8），当盐及酸等溶质不存在时，乙醇OH中H的信号峰位于比水OH中H的信号峰更低的磁场方向（4.73ppm）。

图 3-7　低浓度酸或碱的加入对60%乙醇水溶液化学位移值的影响

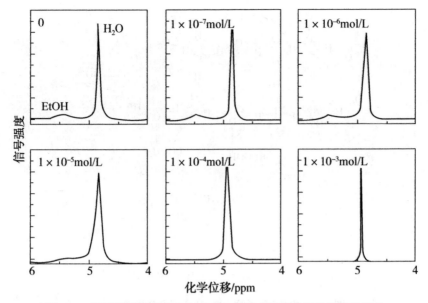

图 3-8　不同浓度醋酸的加入对 60%乙醇水溶液化学位移值的影响

　　首先，向 60%的乙醇水溶液中添加极低浓度的醋酸，当醋酸的浓度为 $1×10^{-5}$ M 或比这一浓度还低的时候，水和乙醇分别显现出 OH 信号峰，醋酸的浓度为 $1×10^{-4}$ M 时，水和乙醇之间的质子交换显著提高，水和乙醇的 OH 信号峰变为 1 个（图 3-8），此时，4.74ppm 附近的化学位移值急剧增大到 4.84ppm 附近，同时 OH 信号峰变为 1 个，随着酸的浓度进一步增加，化学位移值向更低的磁场方向移动，同时，峰的宽度（半峰宽）减小了，安息香酸（苯甲酸）及没食子酸也有与醋酸相似的效果。

　　如上所述，少量的酸及多酚类物质的添加，促进了水和乙醇之间的质子交换，同时，形成了更井然有序的水-乙醇溶液的结构特性。

3.6　水和酒精之间的紧密结合

　　基于上述的实验结果，我们来说明由于溶解物质所引起的水和乙醇分子之间强烈的相互作用（图 3-9）。由于酸及酚类有机物有很强的提供氢离子的能力，反过来，由弱酸所产生的共轭碱（A⁻）有很强的接受氢离子的能力，所以乙醇分子很好地被水分子所包围起来，与水分子产生很强的相互作用。

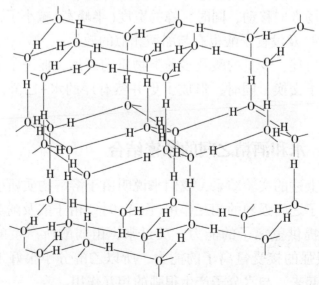

图 3-9　由酸(质子给予体)或由弱酸产生的共轭碱
(质子接受体)引起水和乙醇的紧密结合

　　在平面的纸上，很清晰地描绘三维的立体结构模型不是一件容易的事。图 3-9 中呈六角形的氧原子并不是平面的结构，应该是像冰Ⅰh(六方晶体，图 3-10)折弯的椅形构造。当降低温度、酸类物质或共轭碱存在时，类似于像冰的Ⅰh 结构被维持着，乙醇则进入其结构当中。

图 3-10　冰的构造(六方晶体)

在这里打一个形象的比喻，酸对水而言，酸就像推出自己氢离子的木棒，相反共轭碱就如同要获取氢离子的绳索。像这样，或用木棒推，或用绳索牵引，无论如何都要维持着要崩塌的结构。像图 3-9 那样，构成六角形中的氢原子原本是属于水分子的，但是由于醇与水的强烈作用，很难区分是属于乙醇分子的氢原子还是属于水的氢原子，由此，水和乙醇成为一体。

所谓结构特性这一概念，对于固体是非常简单明了的，但是，对于液体的水或乙醇水溶液等流体时，就变得复杂了，讨论的内容也许变得难以把握。为了深入理解关于液体的结构特性，下面举一例进行说明。

我们来观察海水中成群的沙丁鱼，它们的生活习性总是以群体按着流线型排列游动，若被某种大型的鱼所追赶，即使其中一部分被猎食，导致排列的结构遭到破坏，但是它们会立即重新整合排列，再次以原来的排列结构向前游动(图 3-11)。

图 3-11　沙丁鱼群

水是具有流动性的，占据某一位置的水分子会很快地被其他的水分子所置换掉。即便是水分子不断地被替换掉，原本的结构也是保持不变的，但是对于固体而言，在某一特定位置上的粒子，由于位置被固定，不能将其位置随便让出或自由替换。

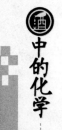

如图 3-9 所示，在乙醇水溶液中，若要达成水–乙醇的紧密结合，首先，有必要增强水的结构特性，也就是增强它的氢键结合，在溶液中必须使其变为六角形冰的结构，在乙醇水溶液中，若想让水的结构变得井然有序，并维持其结构并非容易的事。与此相同，就像叠罗汉的表演一样，要保持其完整的结构性也不是件容易的事，下面当中任何一人稍有松懈，就会失去平衡，组成的塔就会瞬间倒塌，这时，构成金字塔的每一个人（水分子），都在尽自己的努力，由此得到观众的声援（酸或多酚）。

第4章 酒类的熟成和成分

人类的胃肠是很难消化生面粉和生大米的，并且这样生的食物也没有什么营养。无论是国产米还是泰国米，在做米饭时都要先加水，并加热将大米淀粉糊化，变成煮熟的米饭。但是，对于酒来讲，有没有想过可以饮用的酒和不能直接饮用的乙醇水溶液之间有什么本质的不同，本章将揭示酒和单纯的乙醇水溶液有何不同。

如果要做好吃的米饭，首先是选择米的产地。在煮饭时，根据在米中的含水率调节加入水的多少，大火加热，当闻到有香气扑鼻时，改为小火加热，若想得到带有锅巴的米饭那还要更下一点功夫。同样，造酒时，也有很多需要下功夫的地方，如控制酒精的发酵。如果是蒸馏酒，在蒸馏操作之后，还要在熟成和调整等工序上下功夫，以便获得口感良好的酒。对于获得口感良好的酒来讲，花费这样的功夫是值得的，但这并不是本书的主要想阐述的内容。

在第3章中，已经论述了酸和多酚成分可以增强乙醇水溶液的结构特性。基于上述结果，在本章将对实际的酒类，如威士忌、日本酒、白酒和鸡尾酒等当中所溶解的成分和氢键结合的关系加以论述。

4.1 威士忌的长期熟成和溶解成分

即便是在酿造领域，人们也开始注意水-乙醇氢键结合的研究。在2000年前，人们开始用木制的桶储藏酒，同样很久以前威士忌的陈酿也是将酒放入木制的桶中。在日本，1923年开始正式生产威士忌，有快接近一个世纪的历史，经过技术的不断进步和生产工艺的改进，现在的生产技术和酒的品味已达到了原生产国苏格兰的水平。但是不管怎样，在日本以科学的方法来研究和阐述桶中酒的熟成现象，却比世界其他国家要盛行，在这一领域比较有代表的是，题为《威士忌的科学与技术》的研究报告，其中"熟成和熟成化学"一章的执笔者并不是苏格兰的研究人员，而是日本威士忌厂商的研究人员。不管生产酒的原料是什么，如威士忌、白兰地和朗姆酒等蒸馏酒的原始原料分别是大麦、葡萄和蔗糖，在木制的桶中，其熟成机理是共通的。

橡树在全世界很多地区都有分布，但是只有在特定的地域条件——地中海气候下，其树皮才可以作为软木来使用。葡萄牙被称为橡树上的国家，是由于葡萄牙橡树资源被充分的利用。一棵橡树在长到25岁之后才可以采剥树皮，以后每9年可以采剥一次，一棵树一生能够被采剥15~16次，当然这需要有一个前提条件，就是橡树的树皮被剥掉后树木本身并不会受到影响，经过一段时间也就是9年它又会恢复原貌。软木优良的物理性能是其广泛应用的根本原因。在显微镜下观察软木的横截面，可以发现软木的内部充斥着许多蜂窝状结构，蜂窝的内部饱含空气，所以软木的弹性很好。软木本身十分耐磨，现在各国发动机的缸垫许多采用软木作为原料。另外，软木防潮、防虫蛀，可以保证在阴暗潮湿的酒窖中葡萄酒不会随着岁月一同流逝。这种纯天然的材料，对人体无任何危害，因此被广泛用于葡萄酒和香槟酒的酒塞生产之中，其历史已有100多年。橡木做的桶被用于酒的储藏，有利于酒的熟成，橡木中含有5%~10%的单宁，在《本草纲目》中记载，橡木皮别名栎木皮、栎树皮，有"解毒利湿、涩肠止泻"的功效。

所有的植物，特别是橡树含有大量的单宁(多酚类)。单宁，又称单宁酸、丹宁、鞣酸、鞣质、五倍子单宁酸，是植物中的一种防卫用化学成分，用来防止蚜虫的危害，淡黄色至浅棕色粉末，有特殊气味，味极涩。单宁酸种类很多，分子结构复杂，差异也大，但可分为两大类：可水解单宁酸和缩合单宁酸，其中加水分解性单宁酸一经加水，便生成没食子酸(图4-1)等。

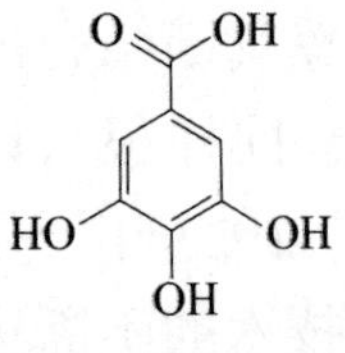

图4-1 没食子酸的
化学结构

对于蒸馏酒的熟成过程，在橡木桶中所发生化学成分的变化，可以考虑如下的七种：

① 木材成分的抽出；

② 木素、纤维素、半纤维素等木材组织的分解以及向蒸馏溶液中的溶解；

③ 未熟成的蒸馏溶液和木材成分的反应；

④ 由木材抽出物质自身的反应；

⑤ 蒸馏溶液本身的反应；

⑥ 通过桶的缝隙，低沸点成分的蒸发；

⑦ 形成乙醇和水的稳定集合体。

酒在橡木桶中的熟成，使酒精对人体感官的刺激降低，被认为与水–乙醇之间氢键结合的变化有关。所谓酒精对人体感官的刺激是指，喝入一口威士忌时，口腔、咽喉和食道等的黏膜可以感受到的酒精刺激。

上面记述的第 7 项中，表述方法稍微有所不同，表述为形成乙醇和水稳定的集合体，但是从本质看，与水–乙醇之间氢键结合的变化是相同的。从人们长期的经验来看，降低酒精对感官刺激和在橡木桶中所发生的各种化学变化是有关联的，而这种化学变化需要经历一定的时间，对于这一点大部分人都是这样认为的。

但是最重要的问题是，为了达到水–乙醇之间氢键结合的变化或形成乙醇–水稳定的集合体是否一定需要时间才能实现。我们先来考察两个酸或多酚类成分组成完全相同的酒精水溶液，一个是经历过一定时间过程的；另一个，与前者成分相同，但是没有经历一定的时间，通过比较两者的氢键结合，有可能观察到不同所在，为了揭示这一现象，下面将一些研究成果做简单介绍。

在这里我们先看一下，橡木桶中熟成的麦芽威士忌酒中化学成分的分析结果和它的核磁共振化学位移值的关系。麦芽威士忌是单纯以大麦的麦芽为原料得到糖质，用酵母将其发酵，用单式蒸馏器进行二次蒸馏(图 4-2)，再将蒸馏物放入橡木桶中进行熟成。与此相反，粮谷威士忌是将玉米或其他的谷物淀粉质用少量麦芽的酵母进行糖化而得到的蒸馏酒，其蒸馏采用的是连续式蒸馏机(图4-3)。通过旧式的连续式蒸馏机可得到乙醇纯度较高的蒸馏物，这样的蒸馏物仍然需要放入橡木桶中熟成。麦芽威士忌和粮谷威士忌的两者混合物，称为混合威士忌，市场上销售的大部分(90%以上)是混合威士忌。在进行混合时，是将少量的麦芽威士忌混入大量的粮谷威士忌中。

图4-2　单式蒸馏器进行的麦芽威士忌的二次蒸馏

图4-3　控制蒸馏液的装置(通过单式蒸馏器蒸馏，不仅乙醇成分，
其他的化学成分也尽可能多的被蒸馏出来)

以某公司的麦芽威士忌为分析样品(图4-2、图4-3)。这些样品分别在橡木桶中经过0~23年熟成过程。而所使用的橡木桶分为以下几种：

① 新桶(使用过 1 次)；

② 旧桶(使用过多次的桶)；

③ 活性桶(将旧桶的内面重新烧制的桶)；

④ 翻新桶(将旧桶的一部分换成新的，重新组合翻新的桶)；

⑤ 雪利桶(雪利酒是白葡萄酒的一种，用于储藏甜雪利酒的桶，其间，酒的色泽逐渐加深)。

为了防止木制桶的表面直接接触蒸馏溶液，将这些木桶的内侧进行充分的炭化之后，方可进行使用。

图 4-4 为麦芽威士忌中总酚含量和熟成年份之间的关系。用雪利桶熟成的威士忌中，总酚含量(多酚量)随熟成年数增加而增加，其总酚含量明显比其他种类桶中的值高。在新桶中经 15~19 年熟成的威士忌，显示出相当高的总酚含量，在活性桶或翻新桶中，总酚含量随熟成年数的增加而增加，但是在旧桶中，总酚含量一直是处于低浓度状态。储藏桶中提取总酚的效果，在很大程度上依存于桶的种类，按照提取总酚的浓度来判断，若按照浓度由小到大排序进行排序，则是：旧桶<活性桶<翻新桶<新桶<雪利桶。实践证明，像这样即使熟成年数相同，由于桶的种类不同，威士忌中的总酚量也不同。另外如果熟成威士忌中的总酚量多，所含有机酸的含量也会相应提高。

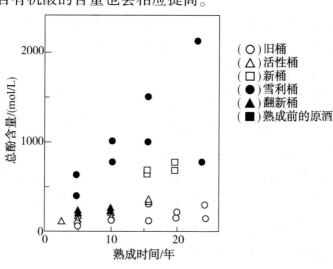

图 4-4　熟成时间与总酚含量的关系

图 4-5 表示威士忌样品中质子核磁共振的化学位移值与样品中总酚含量的关系。熟成前的麦芽威士忌(乙醇含量 64.6% ~ 65.6%)的化学位移值在 4.81~4.835ppm 附近,而与其相近的乙醇浓度为 66% 的乙醇水溶液中(H_2O)质子(气核)化学位移值是在较高的磁场处(4.71ppm)。

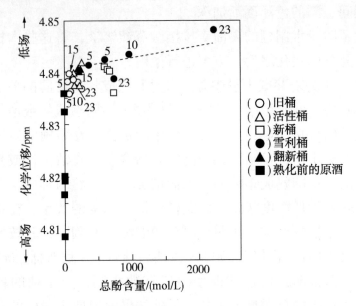

图 4-5 麦芽威士忌中总酚含量和 MNR 化学位移值的关系

分析熟成前的威士忌中所含酸(在这里主要是醋酸)的浓度,酸浓度从 30mg/L 到 90mg/L,总酚含量因为太小(0~5mg/L),可忽略不计(虽然熟成前样品中含有少量的酸浓度足以使水和乙醇的核磁共振化学位移信号形成一个峰,并使水和乙醇一体化,酸浓度为 60mg/L(60ppm)相当于 1.0×10^{-3} M 醋酸的浓度。如前所述,在 60% 乙醇水溶液中,有 1.0×10^{-4} M 左右的低浓度醋酸共存时,水和乙醇的 OH 核磁共振化学位移信号峰,由原来的 2 个变为 1 个。因此,在熟成前威士忌中存在少量的有机酸,不仅可以促进水和乙醇之间的质子交换,即便是少量,也足可以增强乙醇与水的氢键结合,使乙醇和水一体化。

许多熟成麦芽威士忌中的总酚含量为 200~300mg/L,其化学位移值上升到 4.835~4.84ppm，随着威士忌中总酚含量的增加（同时，酸度的增加），化学位移值增加到 4.84~4.85ppm（向低磁场方向移动）。在雪利桶、新桶或翻新桶中，可大量得到酚（及酸）等有机成分，这些有机成分被认为是使威士忌中乙醇与水氢键结合加强的条件。

另一方面，由于在旧桶中的抽出效果低，所以桶中熟成威士忌只含有少量的酚（及酸）类有机成分，由此，在旧桶中乙醇与水的氢键结合与雪利桶、新桶或翻新桶中乙醇与水的氢键结合相比要弱。图 4-5 中的虚线，表示基于多酚（没食子酸）所引起化学位移的变化，该结果很好地表示了实际中麦芽威士忌的变化没食子酸既是多酚又是有机酸（图 4-1）。

熟成麦芽威士忌中所含有的多酚或具有醛基成分的没食子酸、香草酸、丁香酸、香草醛，丁香醛等，都具有加强乙醇与水氢键结合的作用。

在 60%的乙醇水溶液中，由 1.0M 的没食子酸所引起化学位移值的变化为 0.348ppm，这一值是相当大的。如前面所述，在乙醇含量为 20%的乙醇水溶液中化学位移值是 0.363ppm。从橡木桶中浸出的单宁在酸性溶液中被水解，产生没食子酸。在雪利桶中，熟成的威士忌，随着熟成年数的增加总酚含量逐渐增加，另外，其化学位移值随总酚含量的增加而成比例的增加。与此相对比的是，旧桶中的威士忌即使经过了 23 年，总酚含量并未随年数增加而增加，其化学位移值没有超过 4.48ppm。在旧桶中熟成的麦芽威士忌，即使经过 15 年或 23 年长时间的储藏，其氢键结合也没有变得更强。

有研究报告指出，威士忌经过长期熟成，无机成分的钾离子浓度会有增加，我们的实验也证实了钾离子浓度随威士忌熟成年数的增加而增加。

威士忌在橡木桶中的熟成过程中氢键结合的相互作用可被观察到，这主要是来自橡木桶化学成分（主要酸或苯酚化合物）的溶出效果，由此可以得出这样一个结论，即其数值的变

化不单纯地依赖于储藏时间。为了获得较强的氢键结合或受人喜欢的香气成分，长时间的储藏是必要的，但是这长时间的储藏，并不是意味着水和乙醇之间的相互作用仅仅是通过时间的变化才能达到逐渐稳定化的过程，对于这一点，在这里有必要进行强调。

4.2 日本酒中的氢键结合

4.2.1 核磁共振方法的讨论

与麦芽威士忌同样，研究基于质子核磁共振的化学位移值，对在市场上销售的日本酒中水和乙醇的氢键结合状态进行了探讨。日本酒大致分为 5 种，分别是普通酿造酒、本酿造、纯米酿造酒、吟酿和纯米吟酿，若加上合成酒则就是6 种。

在日本酒中，我们发现水和乙醇的氢键结合，比不含溶质的乙醇-水溶液的氢键结合强。我们发现在日本酒中，水和乙醇的氢键结合，比不含溶质的乙醇-水溶液中的氢键结合要强。一般日本酒的酒精度数在 12~18 度，15% 和 20% 乙醇水溶液的 OH 化学位移值分别是 4.812ppm 和 4.825ppm，而日本酒的 OH 的化学位移值为向低磁场方向迁移到 4.84~4.85ppm。

作为分析样品的日本酒是在市场上经常可以看得到的，所以可以认为酒的成分应该是稳定的，即避免了其主要成分的浓度波动。由于酸度的变化范围不大(1.1~1.7)，所以化学位移和酸度之间看不出明确的相关关系。设定日本酒的酸度为 1 相当于0.01M 醋酸，其化学位移值与氨基酸度之间有相关性，其结果是，化学位移值与酸度和氨基酸度的加和值之间有相关性。日本酒中的氨基酸度为 0.6~1.9(表 4-1)。同样我们也得到了这样一个结论，即各种氨基酸与有机酸的作用相同，同样具有增强水-乙醇氢键结合的效果。

表 4-1 日本酒的主要成分含量和 pH 值

类型	主要成分						离子浓度/(mg/L)								pH
	酸度①	氨基酸度②	总酚③/(mg/L)	葡萄糖/%(w/v)	总糖/%(w/v)	乙醇/%(v/v)	钠	钾	锰	铁	铝	镁	氯化物	磷酸	
合成酒	1.25	0.70	10.8	1.3	5.6	13.4	158	14.1	0.04	0.02	14.5	2.4	144	27.1	4.02
	1.10	0.60	29.5	2.2	5.2	12.6	115	11.9	0.1	0.03	23.7	2.8	102	12.9	4.07
	1.10	0.60	31.4	2.3	5.2	13.2	162	9.9	0.1	0.03	15.3	4.8	65.5	26.9	4.33
	1.45	0.70	39.3	1.4	5.6	13.2	166	25.2	0.1	0.04	16.7	5.8	140	68.9	3.84
	1.35	0.70	46.6	1.2	4.9	12.3	171	24.6	0.1	0.04	15.0	5.4	153	52.1	3.85
普通酒	1.30	1.15	204	1.9	3.5	15.7	9.9	15.1	0.8	0.03	12.6	4.5	23.1	137	4.13
	0.90	1.05	170	1.6	3.3	15.0	10.4	41.0	1.2	0.06	19.0	8.6	33.6	116	4.49
	1.15	0.80	175	1.4	3.6	15.3	12.8	20.7	1.2	0.03	16.6	2.4	32.9	96.2	4.12
	1.25	1.00	174	1.8	3.6	15.3	11.6	19.6	1.2	0.03	16.5	2.4	34.2	148	4.2
	1.20	1.20	185	2.7	4.3	15.1	25.6	55.0	1.2	0.05	19.1	6.0	61.2	188	4.37
	1.20	1.25	155	2.6	3.8	14.8	22.6	42.6	1.2	0.04	26.2	7.4	34.2	180	4.32

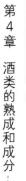

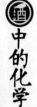

续表

类型	主要成分						离子浓度/(mg/L)								pH
	酸度①	氨基酸度②	总酚③/(mg/L)	葡萄糖/%(w/v)	总糖/%(w/v)	乙醇/%(v/v)	钠	钾	锰	铁	铝	镁	氯化物	磷酸	
本酿造酒	1.15	0.95	201	0.8	2.9	15.6	14.1	38.5	1.1	0.03	18.0	3.4	42.4	133	4.31
	1.10	1.20	201	1.3	3.2	15.7	5.7	64.4	0.8	0.03	7.7	3.0	44.1	159	4.49
纯米酒	1.40	0.95	216	0.9	3.2	15.7	13.2	41.5	1.6	0.03	19.2	0.6	61.3	174	4.14
	1.70	1.70	288	1.2	3.3	15.8	12.7	55.5	1.8	0.04	39.5	6.0	54.5	258	4.37
	1.30	1.05	221	2.3	4.4	18.1	12.4	57.2	2.1	0.03	16.6	3.0	57.7	196	4.42
	1.20	1.50	154	1.9	2.9	15.6	21.3	64.5	1.5	0.09	13.7	5.6	72.9	237	4.38
吟酿酒	1.55	1.00	215	2.6	4.1	17.8	13.9	47.7	2.0	0.05	18.2	2.6	55.3	199	4.24
	1.50	1.10	243	2.7	4.1	17.0	12.3	55.3	2.1	0.03	16.7	3.0	53.8	205	4.41
	1.25	0.85	181	1.5	3.9	17.4	11.2	42.4	1.9	0.04	13.9	1.4	40.9	149	4.27
	1.40	1.10	221	1.3	3.9	16.9	14.5	61.4	2.2	0.03	15.5	2.4	59.3	180	4.36
纯米吟酿酒	1.25	1.90	252	2.2	3.5	15.3	27.3	110	1.6	0.12	19.2	8.4	72.8	300	4.58
	1.45	1.20	224	2.3	4.3	17.6	6.4	80.0	1.4	0.04	8.0	0.6	48.2	184	4.37

类型	主要成分						离子浓度/(mg/L)								pH
	酸度①	氨基酸度②	总酚③/(mg/L)	葡萄糖/%(w/v)	总糖/%(w/v)	乙醇/%(v/v)	钠	钾	锰	铁	铝	镁	氯化物	磷酸	
纯米吟酿酒	1.60	1.05	222	0.9	3.4	17.8	12.1	53.6	1.2	0.03	17.2	0.6	46.3	163	4.13
	1.45	1.30	253	2.6	3.6	17.0	10.2	56.6	2.3	0.03	13.2	0.8	40.9	205	4.32
	1.45	1.35	259	2.3	2.9	16.7	18.8	39.1	2.5	0.04	15.9	3.8	48.4	216	4.32
	1.55	1.30	251	2.7	4.1	16.9	18.4	32.3	2.2	0.03	17.7	1.1	47.3	239	4.35
	1.55	1.15	236	1.6	3.6	16.8	19.1	43.3	1.8	0.04	17.7	1.4	69.5	190	4.28

① 酸度 1 与 0.01mol/L 醋酸相当;
② 氨基酸度 1 与 0.01mol/L 甘氨酸相当;
③ 单宁酸换算。

第 4 章 酒类的熟成和成分

同样，在日本酒中的化学位移值和总酚含量之间也可得出有较弱的相关关系。如前所述，熟成威士忌中水与乙醇的氢键结合，来源于橡木桶的多酚或醛基成分的增强。与威士忌不同，虽然日本酒并不在橡木桶中进行熟成，但是多酚成分对增强乙醇和水的氢键结合发挥了很大的作用。但是，对于葡萄糖或麦芽糖等糖类来讲，还不明确是否增强了乙醇水溶液中的氢键结合，在日本酒中，OH 的化学位移值和葡萄糖的浓度或总糖量之间没有相关关系。葡萄糖是日本酒中的主要成分之一，其甜味有缓和有机酸或多酚类有机成分的酸味或涩味的作用。

日本酒中含有的有机成分主要是醋酸、乳酸、琥珀酸、苹果酸和柠檬酸，这些酸可引起 OH 的化学位移值向低磁场位移（1.0M 相当 0.07~0.26ppm）。

4.2.2　拉曼光谱法的讨论

上面介绍了根据核磁共振方法所进行的研究结果，同样拉曼光谱也是研究水溶液结构的有效方法。纯水的振动谱图是复杂的，如何解释得到的波谱呢？对于这一点，有诸多解释，但是，通过 H_2O 的拉曼光谱，可清楚地观测到 2 个 OH 伸缩振动峰。OH 基被分为两种，分别是强氢键作用的产物（在 $3200cm^{-1}$ 附近被观测到）和非氢键或弱氢键作用的产物（在 $3400cm^{-1}$ 被观测到）。

为了探讨温度对日本酒样品氢键结合的影响，在不同的温度（5~65℃）下，测定了拉曼光谱 OH 的伸缩振动峰。图 4-6 分别表示 15%乙醇水溶液及日本酒的拉曼光谱，从谱图可以看出，无论是氢键结合弱的 OH 峰（在 $3400cm^{-1}$ 附近），还是氢键结合强的 OH 峰（在 $3200cm^{-1}$ 附近），都随温度的降低而增强。在比较低的温度，例如在 5℃，可以清晰观测到两个峰。在此我们规定，以在 5℃的条件下，用这两个峰的强度比作为水-乙醇水溶液氢键结合强度的指标。

我们研究了日本酒样品中所含有的各种化学成分和拉曼强度比之间的关系，发现酸度及氨基酸度的加和值与拉曼强度比之间有良好的相关性，另外，总酚含量和拉曼强度比之间也有相关性。

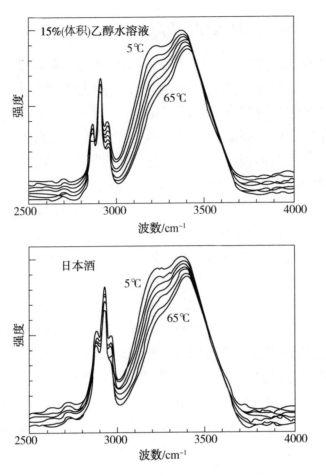

图 4-6　15%乙醇水溶液和日本酒的拉曼光谱图

比较拉曼强度比和质子的核磁共振化学位移值，可以看出，每一种日本酒都有如下倾向：合成酒和普通酿造酒的氢键结合不是很强；本酿造、吟酿酒和许多纯米酒，由于有大量的酸、氨基酸及多酚，因此显示了很强的氢键结合。合成酒本来是不含酿造醪液，但是为了制造出日本酒的风味，加入酿造醪液混合。而普通酿造酒由米及米曲子得到的酿造醪液，添加了新的乙醇和水被稀释。与此相对照，许多纯米酒、吟酿酒及纯米吟酿酒中水-乙醇的氢键结合较强就一目了然了。虽然日本酒与威士忌的乙醇含量不同，但是与完全熟成的麦芽威士忌相同，许多有机酸、多酚等成分增强了日本酒中水-乙醇的氢键结合。

4.3 烧酒中的水和乙醇

烧酒所含的酸或(乙醇以外的)醇类等化学成分和浓度与白朗姆酒或伏特加有相同之处。在这里，我们主要讨论水-乙醇混合溶液和烧酒中氢键结合的强弱

首先有必要对烧酒做一点说明，在制造酿造酒的技术上引入蒸馏技术的酒叫蒸馏酒，烧酒就是一种蒸馏酒。烧酒按酒的兑法分为甲类和乙类。甲类烧酒是把含酒精的材料用连续式蒸馏机进行蒸馏的酒，度数在 36 度以下。乙类烧酒是把含酒精的材料用单式蒸馏机进行蒸馏的酒，度数在 45 度以下。乙类烧酒也叫本格烧酒，它通过采用不同的原料种类、酵母菌种类、制品的精制和熟成方法等，使烧酒的风味多样化，可以说是酒类中变化最多的酒。

图 4-7 表示在市场上有销售的烧酒样品中核磁共振 OH 化学位移值与酸度(烧酒的酸度 1 相当于 0.001M 醋酸)的关系。从图中可以看出，烧酒大致可分为两类，分别是化学位移值在 4.82ppm 附近和在 4.85ppm 附近的两类。首先看烧酒乙类未熟成的样品群，大麦烧酒的化学位移值都集中在 4.82ppm 附近，然而薯类烧酒则完全处于低磁场方向的 4.85ppm 附近。

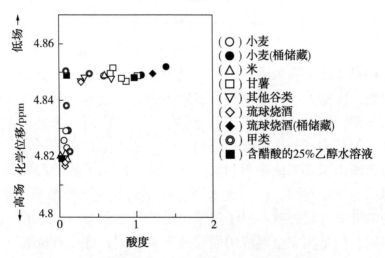

图 4-7 烧酒的酸度和 NMR 化学位移值的关系

无论是米还是其他原料制作的烧酒以及琉球烧酒，被分为甲类烧酒的同时还可分为化学位移值4.82ppm及4.85ppm的两类，熟成的烧酒样品化学位移值全部位于4.85ppm位置。为本研究中烧酒样品的乙醇含量在24.6%～25.4%的范围内，烧酒样品的化学位移值与添加了醋酸的25%乙醇水溶液的化学位移值是非常的一致。在25%乙醇水溶液中，不含任何溶质及添加$1.0×10^{-5}$M醋酸(0.6ppm)时的两种情况下，无论哪一种，其水的化学位移值均在4.82ppm附近。如果将添加的醋酸浓度增大到$1.0×10^{-4}$M(6ppm)，其水的化学位移值迅速变化到4.85ppm附近。

　　如前所述，在不含任何溶质的60%乙醇水溶液中，清楚地给出了水和乙醇两者的OH峰。即使添加了$1.0×10^{-5}$M醋酸也可以分别观测到两个峰，但是，将添加的醋酸浓度再度提高10倍，即与$1.0×10^{-4}$M醋酸共存时，可以确认两个峰汇合为一个峰(参照图3-8)。氢键结合的寿命非常短(皮秒或纳秒的程度)，水和乙醇的化学位移信号一体化，表示质子交换变快，如果进一步提高醋酸浓度，可以发现，一体化的化学位移在更低磁场位置被观测到。

　　在各种乙醇浓度(5.0%、15%、20%、25%、40%和60%)的乙醇水溶液中，考察了低浓度醋酸对OH质子化学位移值的影响。$1.0×10^{-4}$M醋酸在所有的乙醇水溶液中(5.0%乙醇除外)，引起急剧地向低磁场方向位移。根据图4-8表示，25%乙醇水溶液中，由于$1.0×10^{-4}$M醋酸的加入，促进了水和乙醇之间的质子交换，导致了向低磁场方向的位移。

　　烧酒中的化学成分含量与日本酒比是非常少的，烧酒中全部酸的含量与日本酒相比，仅是日本酒的1/10或1/100以下，另外，烧酒中氨基酸的量因很难被检测出，所以几乎可以忽略不计，在这里不再做详细地叙述。烧酒中的氢键结合，不像日本酒那样强，由拉曼光谱法的结果也可以知道。

　　对于芳香成分酯类或高级醇类物质所给予的效果，由于这些成分在水中的溶解度低，所以在90%的乙醇水溶液中进行了研究。在90%乙醇水溶液中，水和乙醇的OH质子信号都清晰地分别出现了1个峰。

芳香成分的代表是酯类物质(乙酸异戊酯或己酸乙酯)，随着这些酯浓度的增加，使水及乙醇OH质子的信号向高磁场方向稍微位移。高级醇类物质(丙醇或异戊醇)在研讨的浓度范围内，对两个信号的化学位移值完全没有影响。这样可以认为酯类或高级醇类物质对水-乙醇的氢键结合没有起到促进作用。

如上所述，可以清楚地知道，烧酒中氢键的结合稍微受化学成分的影响，但是其程度比熟成的威士忌或酿造酒的日本酒要小很多。根据生产原料，有少量的酸可以增强其氢键结合，这时，水和乙醇分子之间的质子交换被促进，但是，也有一些产品，不仅仅是OH质子的化学位移值，拉曼光谱峰强度比同样与单纯的25%乙醇-水混合物没有太大的区别，因此，对于烧酒而言，很难期待其对氢键结合有促进作用。

4.4　果汁鸡尾酒

烧酒几乎不含有机酸等化学成分，更多的情况下，是被作为混合酒或鸡尾酒的原料，这与伏特加、松子酒或白朗姆酒等相似。我们同样对在市场销售的水果鸡尾酒，进行了OH质子化学位移值的测定。一般来讲，水果鸡尾酒就是将各种各样的果汁和酿造用的酒精(纯度高)混合调配而成。

如果从质子核磁共振化学位移值判断，与含有相同乙醇含量的水-乙醇混合物相比较，水果鸡尾酒中的氢键结合很强，由于柠檬或梅子这样的水果果汁中酸或多酚的添加，高纯酒精水溶液的氢键结合立即被加强，换而言之，由于果汁中的酸或多酚成分，乙醇水溶液中的氢键结合与酒类中的氢键结合的提高程度是相同的。

在20%的乙醇水溶液中，加入市场销售的罐装果汁饮料使其浓度分别为0.8%、4.0%和20%，图4-8表示了加入果汁后的乙醇水溶液的酸度与核磁共振化学位移间的关系。例如，菠萝饮料，随着饮料量的增加，酸度(酸度1相当于0.001M醋酸)增加，乙醇水溶液的化学位移值从4.840ppm附近增加到4.845ppm附近。橙汁的酸度增加比菠萝饮料大，所以化学位移值显示了更

大的数值。果汁饮料中的酸度和多酚含量之间，可以看出有良好
的相关性，在水-乙醇混合物中添加含有丰富的酸或多酚的水果
汁，可以促进溶液整体水-乙醇氢键结合的加强。

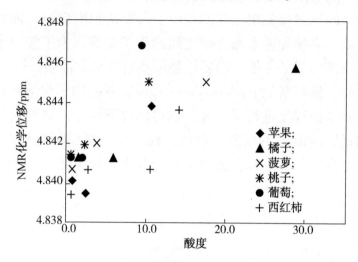

图 4-8　20%乙醇水溶液的化学位移值（含有 0.8%，4.0%，20%的水果饮料）

　　另一方面，通过对人的感觉调查实验结果显示，由于柠檬酸
等有机酸的添加，乙醇水溶液的酒精刺激被减轻。酿造物的成分
中指出，"醋酸影响威士忌的 pH，同时认为酸味的变化也有助于
达到熟成。高级脂肪酸或芳香族脂肪酸各自并不带有浓郁的香
气，但是它有助于改善口感"。

　　在第 2 章第 5 节中，叙述了约 30 种含矿物质的饮料水中碳
酸氢离子（HCO_3^-）的量和质子核磁共振化学位移值［作为基准添加
乙醇（2%）进行了测定］的关系。如果 HCO_3^- 浓度低，化学位移在
4.82ppm 附近，对 HCO_3^- 浓度按比例增加，则化学位移增大到接
近 4.845ppm，HCO_3^- 使水的结构变得井然有序，这样的结论，通
过许多的饮料水都得到了证明，但是这里有一点需要强调，饮料
水不包含有含碳酸饮料水。

　　在第 3 章中，由于添加了给予乙醇水溶液质子的酸或得到质
子的共轭碱，可导致加强水-乙醇的氢键结合，同时加速了水与
乙醇分子间的质子交换。

　　在酒类或含酒精的饮料中，由于受溶解其中有机酸和多酚的

中的化学

影响，与单纯的乙醇–水溶液相比，溶液整体的氢键结合加强，其结果，水和乙醇分子间的质子交换被加速，是水的 OH 的质子还是乙醇的 OH 的质子已经区别不出来了。

在酒的熟成现象中，我们提出了若要达到酒精对人体感官刺激的降低，必须加速水和乙醇之间的质子交换。为了实现水和乙醇之间快速的质子交换，需要添加一些有效果的溶质。

另外，俄罗斯的 Pavlenko 对一些葡萄酒的物理化学参数和对人感官刺激的程度进行了研究。他得出以下结论，对葡萄酒的品质影响最大的因素不是熟成时间，而是与较低的氧化还原电位、单宁、色素、脂、醛和含氮的小分子有机化合物有关。

本书配有读者微信交流群
扫码入群可获取更多资源

第5章　酒的分类与命名

关于酒水的分类，涉及的体系繁杂，内容和知识面也很广泛。对于想要了解酒文化的人来说，首先就要了解酒水的分类。

"酒水"分为"酒"和"水"，"酒"即我们所说的酒精饮料，"水"即我们说的非含酒精饮料。而对于乙醇浓度达到多少归为酒精饮料，国际上有不同的规定，有些地方是 0.5%，有些地方是 0.7%，有些地方是 1%（最高含量）。我们用得最多的标准是 0.5%。也就是说，只要饮料中乙醇浓度大于等于 0.5%，那么它就属于"酒"类，低于 0.5%，它就归为"水"类。例如，一杯饮料中虽然含有酒精，但只有 0.3%，那么它原则上也归为非酒精饮料类。如一些加了酒的花式咖啡、鸡尾果汁等，虽然含有酒精，但并非酒精饮料。下面就简单叙述一下酒的分类。

酒常规的分类方法有两种，一是按酒度分类，20 度以下为低度酒（啤酒、黄酒、葡萄酒、清酒、低度鸡尾酒等）；20~40 度为中度酒（开胃酒、雪利酒、波特酒、中度鸡尾酒等）；40 度以上为高度酒（威士忌、龙舌兰、白酒、高度鸡尾酒等）。

二是按制作工艺分类，这是既全面又专业的分类法。酒的制作，说简单点其实就是一个以发酵为主的过程，也就是糖分转化成酒精的过程。主要分为：

① 蒸馏酒。蒸馏酒是在发酵原液的基础上提取高纯度的酒精，后期再进行辅助处理工艺制作而成。代表有白兰地、威士忌、日本烧酒、白酒、金酒等。

② 发酵酒，又叫酿造酒。此类酒没有蒸馏工艺，但在发酵和陈酿这两个关键步骤中下的功夫比蒸馏酒多很多。代表有啤酒、水果酒（葡萄酒为主）、清酒、黄酒等。

③ 配制酒。配制酒是在各种成品酒或酒精的基础上进行了后期的一些加色、加味、加香等处理制作而成。代表有味美思、

雪利酒、利口酒、马德拉酒、马尔萨拉酒等。

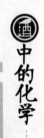

5.1 中国的白酒

白酒，又称高粱酒、白干、烧酒。它的科学名称叫蒸馏酒，即通过蒸馏的方法，取得含酒精量较高、透明无色的液体。

白酒的名称繁多。有的以原料命名，如高粱酒、大曲酒；有的以产地命名，如贵州省仁怀县茅台镇出产的"茅台酒"，山西省汾阳市生产的"汾酒"等；有的以名人命名，如杜康酒、范公特曲等；有的以曲命名，如江苏省泗阳县的"洋河大曲"，山西省祁县的"六曲香"；有的按发酵、储存时间长短命名，如特曲、陈曲、头曲、二曲等；有的以历史古迹命名，如安徽省亳州古井酒厂的"古井贡酒"，因此酒以甘甜的古井泉水酿成，在明代万历年间留作过贡品，故名古井贡酒；还有的以生产工艺的特点命名，如二锅头。现在的二锅头是在蒸馏时，掐头去尾取其中间馏出的酒。传统正宗的二锅头，是指制酒工艺中在使用冷却器之前，以固体蒸馏方法，即以锅为冷却器，二次换水后而蒸馏出的酒。

5.2 黄酒

黄酒是我国的特产，是古老的酒品饮料，在中国酒文化上占有重要地位。《诗经》中记载，"十月获稻，而此春酒"，实际上就是指的黄酒，秋后配制黄酒的习惯一直延续至今。我国黄酒以酒度适中，营养丰富，品质优异，风味独特而驰名中外。

黄酒是用糯米、大米、黏黄米等含淀粉类粮食，经过特定的加工过程(蒸煮、糖化、发酵、压榨等)，受到酒药、曲(麦曲、红曲)和浆水(浸米水)中不同种类霉菌、酵母和细菌共同作用而酿成的一种低度压榨酒。黄酒，又称老酒、红酒，因其多数品种具有黄亮的色泽，所以习惯上通称为黄酒。但是并非所有黄酒的酒液都是黄色的，如元红酒，其色呈琥珀色等。

黄酒的品种繁多，由于取名的来源不同，命名方法主要有以下四种：

① 以酒色取名。如元红酒是琥珀色；江阴黑酒是暗黑色等。

② 以产地命名。如浙江绍兴酒（产于浙江绍兴）；兰陵美酒（山东兰陵酒厂）等。

③ 以口味取名。如江苏丹阳甜酒；福建蜜沉沉等。

④ 以酿造方法取名。如浙江绍兴加饭酒（在配料中增加了糯米饭的用量）；福建龙岩沉缸酒（加米烧酒冲缸）。

黄酒的分类有以下几种：

（1）根据黄酒的含糖量来分

甜型黄酒，含糖量在10%以上。如浙江绍兴的"香雪酒"；福建的"龙岩酒"；苏州的"醇香酒"；江西"封缸酒"等都属于甜型黄酒。

半甜型黄酒，含糖量为5%～10%，如浙江绍兴的"善酿酒"；无锡的"惠泉酒"等。

干型黄酒，含糖量在5%以下，大多数黄酒都属于这一类型，部分黄酒含糖量低于1%。如浙江绍兴的"加饭酒"；浙江金华的"寿生酒"。

（2）以原料、酿造方法、产地综合来划分

南方糯米、粳米黄酒，是以长江以南地区，以糯米、粳米为原料，以酒药和麦曲为糖化发酵剂酿成的黄酒。它是黄酒中的大宗商品，如绍兴酒、仿绍兴酒等。

福建红曲黄酒，是以糯米、粳米为原料，以大米和红曲霉制成的红曲和白曲为糖化发酵剂配制而成。如福建龙岩沉缸酒、福建红曲黄酒等。

浙江红曲黄酒，是以乌衣红曲、黄衣红曲或红曲与麦曲为糖化发酵剂酿成的黄酒。

北方黍米黄酒，是在华北和东北地区，以黍米（又称黏黄米）为原料，以米曲或麦曲为糖化剂酿成的黄酒。如山东即墨老酒，大连、山西黄酒等。

大米清酒，是用大米作原料，以米曲霉和清酒酵母菌为糖化发酵剂制成的一种改良的大米黄酒。清酒是日本的特产，中国有少量生产。

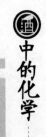

5.3 啤酒

啤酒已成为一种世界性饮料，许多民族和地区的人们都酷爱饮用啤酒。其中最引人注目的是比利时人和德国人，素以豪饮著称。此外，捷克、斯洛伐克、英国、丹麦、美因、荷兰、爱尔兰、法国、瑞士、奥地利、加拿大、古巴、墨西哥、日本等国也是啤酒的消费大国。美国产的啤酒95%已经淡化，其特点是低酸度、低苦味、少酒花、少麦汁、含热量比普通啤酒低20%~50%。无醇啤酒营养丰富而热值低，既保留了啤酒的风味，又不受酒精之害。因而，口味清淡、少酒精或无酒精的啤酒或许将成为今后啤酒市场上的畅销品。

5.3.1 啤酒的命名

啤酒是以大麦为主要原料，经过发芽、糖化、发酵酿制而成，是含有低酒精成分和二氧化碳的软性饮料。

啤酒的刺激性小，富有营养，又具有清凉饮料的性质，素有"液体面包"之称。因其主要原料是大麦，故又称其为"麦酒"，又因许多国家和地区的啤酒名称的第一个音节均为"啤"音（Beer），故我国也称之为啤酒。

5.3.2 啤酒的分类

啤酒的种类繁多，但其主要化学成分大致相同。根据我国的情况，啤酒可以色泽、麦汁浓度、生产方式和包装的不同进行分类。

（1）按啤酒的色泽分类

淡色啤酒：是啤酒中产量最大的一种，俗称黄啤酒。因其色泽浅淡、呈黄色，共色度一般以0.1M的碘液保持在0.5mL左右。严格地说淡色啤酒又可分为淡黄色啤酒、金黄色啤酒和棕黄色啤酒。其总体特点为透明度好，酒花香气突出，口味清爽略带苦味。

浓色啤酒：色泽呈红棕色或红褐色，其色度在1~3.5mL碘液之间，又可细分为棕色啤、红棕色啤和红褐色啤。其特点为麦芽香味突出、口味醇厚、苦味轻。

黑色啤酒：酒液多呈咖啡色或黑褐色，色度一般在5~15mL碘液之间。黑啤酒产量较低。这种啤酒是用几种特制的麦芽酿造的，是大麦经过烘烤后再酿制，口味上有大麦焦香味，以至影响酒色。因而具有麦汁浓度较高、发酵度较低、浸出物较多、泡沫细腻、麦芽焦香、酒质较为醇厚等特点。

（2）按麦芽汁浓度分类

原麦汁，是大麦经过浸汁粉碎后，溶于水，又经过糖化所形成的一种麦汁，原麦汁浓度是衡量啤酒质量的一个重要依据。

低浓度啤：麦汁浓度为4%~9%，酒度为1.2~2.5度。储藏时间短，稳定性差，适于夏季作清凉饮料。

中浓度啤：麦汁浓度为10%~12%，酒度为3.1~3.8度。在5℃以下可保存2~3个月，我国多为此种啤酒。

高浓度啤：麦汁浓度为14%~20%，酒度为4.9~5.6度。稳定性好，适宜储存和远销，高级啤酒和黑啤多为此类。

（3）按出厂前是否经过杀菌分类

鲜啤酒：又称生啤或扎啤。是生产中未经过杀菌的啤酒。因未经灭菌，酒中存有活酵母菌，因此口味鲜美、有较高的营养价值，最适于夏季饮用，但不能长期存放，一般只能保存几天，过期酒容易发生失光、变酸和浑浊，因而鲜啤多采用桶装和大罐散装。

熟啤酒：这是啤酒装瓶装罐后再经过巴氏杀菌的啤酒，即在62℃的热水中保持30min而成熟的啤酒。啤酒之所以要杀菌是为了防止酵母继续发酵和受微生物的影响，以加强酒的稳定性，使之不易发生浑浊，便于保存，但啤酒经杀菌后、味道会发生变化，色泽也会变深，多以瓶装和罐装形式出售。

（4）根据酵母的性质分类

上层发酵啤酒：此类啤酒主要生产国是英国，其次有比利时、加拿大、澳大利亚。著名的上层发酵啤酒有爱尔（Ale）淡色啤酒、爱尔浓色啤酒、司陶特（Stout）黑啤酒和波打（Porter）黑啤酒等。

底层发酵啤酒：世界大多数国家采用底层发酵法生产啤酒。

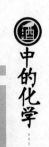

著名的啤酒有比尔逊(Pilsen)淡色啤酒，多特蒙德(Dortmund)淡色啤酒和慕尼黑(Munich)黑色啤酒等。

我国生产的啤酒均为底层发酵啤酒，其中著名的淡色啤酒有青岛啤酒、雪花啤酒等。

5.4 葡萄酒

水果中有许多品种都可以用于酿酒，最适宜酿酒的又首属葡萄，它不仅糖分高，而且酿成的酒具有沁人心脾的色、香、味。目前世界年产葡萄约有5%用于鲜吃，约10%用于制成干果，而近85%用于酿酒。可见酿酒所需的葡萄数量之大。葡萄酒在果酒中居重要地位。

5.4.1 葡萄酒的命名

葡萄酒的命名方式各式各样，有些是采用酿酒地区来命名的，有些是以葡萄酒名称或者牌子、厂名来命名的。但从某种程度上，葡萄酒的名称是由生产地的法律、传统或者营销能力来决定的。

（1）以葡萄品种命名

许多国家的葡萄酒均以葡萄品种来作酒名，如此较容易辨别。以葡萄品种取名的葡萄酒一般要求为单一品种酿造才可以标明，或者主要酿造品种在75%以上，如澳大利亚、美国、智利的葡萄酒，酒款的名字很简单，大部分以葡萄品种的名字去命名。在法国，如果你要在酒标上见到葡萄的名字，那么一般是100%由该品种酿造才会出现这个情况。例如：白富美(Fume Blanc)、黑皮诺(Pinot Noir)、夏多内(Chardonnay)，当然，欧洲产酒区也有用葡萄品种来命名的，例如：法国阿尔萨斯或者德国的白葡萄酒就用葡萄品种来命名，如雷司令(Riesling)等。

（2）用酒庄葡萄园或名字命名

五大名庄拉菲、拉图、木桐、玛歌、奥比昂均以酒庄名来命名葡萄酒。如在法国的勃艮第，20世纪30年代开始对酒进行了分级工作，其后允许以产地命作为酒名，鼓励葡萄种植者用自己葡萄园的名称作为商标进行生产和销售。所以，勃艮第最好的酒都冠以当地种植园的名称。

用酒庄名字来命名葡萄酒，一来是传统，二来是多年的经营下来，有了名气，顺其自然酒庄名字就是最好的广告，引来爱慕者的争相购买。

（3）用故事名字来命名

有酒有故事这是清新创意的葡萄酒命名方式，用故事名字来命名葡萄酒的事情对于葡萄的产酒国并没有什么具体的限制，有故事的葡萄酒一般分布在价格较高的酒款当中，也是彰显酒庄情怀的一种表现。例如，智利的甘露红魔鬼酒，红魔鬼是甘露酒庄的创始人魔爵为他自己保留的一批他们生产的最好的酒，为了使别人远离自己的珍藏，散布了说这是魔鬼居住的地方，于是就有了这个红魔鬼酒窖；大名鼎鼎的奔富 BIN 系列，取这个名字的故事来自 BIN，是指放酒的格子，数字就是对应的格子，哪个酒放在哪个格子里，就自然给这款酒命名。

（4）用名人的名字命名

一些葡萄酒也会用名人的名字命名，一般都是对酒庄有卓越贡献的人。这个人可以是酒庄庄主或创始人，如罗伯特·蒙大维（Robert Mondavi）。也可以是其他的重要人物，如平古斯（Dominio de Pingus）的艾米丽（Amelia）葡萄酒以庄主夫人名字命名；更可以是某个著名的历史人物，例如著名干邑品牌拿破仑（Courvoisier）等。

（5）其他命名方式

美国加利福尼亚州、澳大利亚和西班牙等地在酒标上常使用欧洲著名的产酒区，例如勃艮第（Burgundy）、夏布利（Chablis）、莱茵（Rhine）等，及以颜色来命名，例如 Rose、Claret 等，此类葡萄酒均为平价、量大的日常餐酒。

搞清楚命名，就可以从名字判断出很多葡萄酒的端倪，在品尝的时候就能注意辨别不同产地的风格，对葡萄酒的认识也就因此进一步加深，关于葡萄酒的体验也就更加丰富、有趣。

5.4.2 葡萄酒的分类

葡萄酒不都是红色，也不全是干涩的，葡萄酒种类繁多、风

格各异，分类方法也有许多种，可以根据酒的颜色差异、二氧化碳含量的不同、酒中糖含量高低、酿造方法的不同、饮用需求的不同等对葡萄酒进行分类。

（1）按颜色分类

按照葡萄酒的颜色不同，可分为红葡萄酒、白葡萄酒和桃红葡萄酒等。

红葡萄酒：简称红酒，是用红葡萄带皮酿造而成的，其发酵过程是将葡萄皮连同葡萄汁一起浸泡发酵，因此酿成的酒中含极高的单宁和色素。红葡萄酒颜色一般为深红宝石色、红宝石色、紫红色、深红色、棕红色等。由于红葡萄酒以复杂的香气和丰实的口感为特色，温度过低会使得香气封闭，而温度过高则会使酒精味变重。所以，红葡萄酒的储酒温度一般为 14～19℃。

白葡萄酒：其原料除白葡萄外，还包括红葡萄，但采用红葡萄为原料时，须先将果皮与汁液分离后榨汁，以免葡萄汁染上红色。一般白葡萄多用于白葡萄酒的酿造。白葡萄酒酒体颜色以黄色调为主，有近似无色的淡黄色、偏绿的微黄色、浅黄色和金黄色等。白葡萄酒的饮用温度要比红葡萄酒低，因为它的酸度比较高，且以清爽酸涩的口感和果香为特色，温度高了酸味会过重，一般以 8～12℃为宜。白葡萄酒一般不需要醒酒，那些窖藏多年的白葡萄酒会出现少量轻质的沉淀，饮用前只需小心地将酒从原瓶中倒入另一个酒瓶中，并始终留意沉淀物到达原瓶瓶颈时就停止倒酒。

桃红葡萄酒：又叫玫瑰红葡萄酒，它并不是由红葡萄酒和白葡萄酒调制而成的。桃红葡萄酒与红葡萄酒一样也是用红葡萄酒酿制而成，只是在酿造过程中葡萄皮与葡萄汁接触时间比红葡萄酒要短，具体时间视葡萄品种和工艺而定，达到色泽要求后就把皮滤掉，酒汁便呈现淡红色并含有少量的单宁。这种酒颜色鲜亮、果香清新，比较受到女士偏爱。

（2）按含二氧化碳含量分类

根据葡萄酒中二氧化碳含量的不同，葡萄酒可分为平静葡萄酒、起泡葡萄酒和加气起泡葡萄酒。

平静葡萄酒：也称静止葡萄酒或静酒，是指不含二氧化碳或含很少二氧化碳的葡萄酒。由于平静葡萄酒排除了发酵后产生的二氧化碳，故又称无气泡酒。这类酒是葡萄酒的主流产品，酒度为8~13度。常见的平静葡萄酒主要有白葡萄酒、红葡萄酒和桃红葡萄酒。

起泡葡萄酒：葡萄酒密闭后经过二次发酵产生二氧化碳，在20℃温度下，二氧化碳的压力大于或等于0.35MPa的葡萄酒，即为起泡葡萄酒。

加气起泡葡萄酒：也称为葡萄气酒，是指由人工添加了二氧化碳的葡萄酒，在20℃时二氧化碳的压力大于或等于0.35MPa。起泡葡萄酒是以多种葡萄为原料，采用二次发酵工艺酿制的葡萄酒，酒度一般为8~14度，并含有二氧化碳。起泡葡萄酒的最佳饮用温度在4~8℃之间，你可以放在冰箱冷藏室1天，或者冷冻室2h，最好是放在冰桶里，在加了冰块的冰水里泡2h，这三种方法都可以达到理想的饮用温度，减缓二氧化碳释放，增加细致柔顺、绵密清脆的气泡。

（3）按含糖量分类

根据葡萄酒中含糖量的多少，葡萄酒可分为干型葡萄酒、半干型葡萄酒、半甜型葡萄酒和甜型葡萄酒。

干型葡萄酒：是指含糖量≤4.0g/L的葡萄酒。由于颜色的不同，又分为干红葡萄酒、干白葡萄酒和干桃红葡萄酒。

半干型葡萄酒：介于干型和甜型之间，含糖量在4.1~12.0g/L的葡萄酒，品尝时能辨出微弱的甜味。由于颜色的不同，半干型葡萄酒又分为半干红葡萄酒、半干白葡萄酒和半干桃红葡萄酒。

半甜型葡萄酒：一般是指含糖量在12.1~45g/L的葡萄酒，品尝时能感觉到明显甜味。由于颜色的不同，其又分为半甜红葡萄酒、半甜白葡萄酒和半甜桃红葡萄酒。

甜型葡萄酒：是指含糖量≥45g/L的葡萄酒。由于颜色不同，又分为甜红葡萄酒、甜白葡萄酒和甜桃红葡萄酒。

（4）按酿造方法分类

根据酿造方法和工艺的不同，葡萄酒可分为天然葡萄酒和特种葡萄酒。而特种葡萄酒又有利口葡萄酒、加香葡萄酒、冰葡萄酒、贵腐葡萄酒和蒸馏葡萄酒等。

天然葡萄酒：是指完全用葡萄为原料发酵而成，不添加糖分、酒精及香料的葡萄酒，这种酒在酒标上通常会有"BRUT"字样。

特种葡萄酒：是指新鲜葡萄或葡萄汁在采摘或酿造工艺中使用特殊方法酿成的葡萄酒。又分为利口葡萄酒，是指在天然葡萄酒中加入白兰地、食用精馏酒精或葡萄酒精、浓缩葡萄汁等，酒度在 $15\sim22$ 度的葡萄酒；加香葡萄酒，是指以葡萄原酒为酒基，经浸泡芳香植物或加入芳香植物的浸出液（或蒸馏液）而制成的葡萄酒；冰葡萄酒，是将葡萄推迟采收，当气温低于 $-7℃$，使葡萄在树体上保持一定时间，结冰，然后采收，带冰压榨成葡萄汁而酿成的葡萄酒；贵腐葡萄酒，是在葡萄成熟后期，葡萄果实感染了灰葡萄孢霉菌，使果实的成分发生了明显的变化，用这种葡萄酿造的葡萄酒；蒸馏葡萄酒，是以蒸馏的方式制取的葡萄酒，其典型代表为白兰地。

（5）按饮用方式分类

根据饮用时间和场合的不同，葡萄酒可分为开胃葡萄酒、佐餐葡萄酒和待散葡萄酒等。

开胃葡萄酒：是为了增进食欲、营造气氛而饮用的酒，一般在餐前饮用，主要是一些加香葡萄酒，其酒度一般在 18 度以上。

佐餐葡萄酒：一般是指与正餐一起饮用的葡萄酒，主要是一些干型葡萄酒，如干红葡萄酒、干白葡萄酒等。

待散葡萄酒：又叫餐后酒，一般在餐后饮用，主要是一些浓甜葡萄酒。

5.5 外国的蒸馏酒

蒸馏酒相对其他酒精饮料来说发展比较晚。据考证，虽然古埃及人很早发明了蒸馏法，但并非用来制酒，而是提炼某种化学物质。蒸馏酒作为饮用酒是在中世纪初期，经过 1000 多年的演变，逐渐成为世界多数民族喜爱的酒精饮料之一。

蒸馏酒的定义就是将谷物、蔗糖及葡萄经过发酵后进一步蒸馏而得到的烈性酒。如白兰地、威士忌、金酒、伏特加、朗姆酒都属蒸馏酒类。

蒸馏酒按使用的原料不同分为三类，即葡萄蒸馏酒、谷物蒸馏酒和果杂蒸馏酒。葡萄蒸馏酒是产量最大，风味极佳，经济效益较好的果实蒸馏酒。其名酒品种主要产于葡萄酒生产大国，如法国、意大利、德国、西班牙等。谷物蒸馏酒的名酒品种分布较广泛，主要在爱尔兰、美国、加拿大、英国、荷兰、波兰和俄罗斯等国家。果杂蒸馏酒在世界上许多国家都有生产，较为人们熟悉的名酒，大多产自欧美等地。

蒸馏酒通常可分为六类，即白兰地、威士忌、金酒、伏特加、朗姆酒和特吉拉酒。

5.5.1　白兰地

白兰地酒属于葡萄蒸馏酒类。在不同的国家，葡萄蒸馏酒的称呼是不同的，最早称为"葡萄烧酒"，德国人称之为"白兰葡萄酒"，法国人称之为"科涅克""干邑""阿尔马涅克"或"雅文邑"，后来人们都喜欢用白兰地来称呼所有的葡萄蒸馏酒。随着词义演变，今日的"白兰地"不仅是指葡萄蒸馏酒类，而且还包括其他果实蒸馏酒，"白兰地"词义有了广义和狭义之分。

白兰地是由发酵的生果取汁蒸馏而得，完全用葡萄制成的可称"白兰地"，如果用其他果实制成的白兰地，必须说明其果实种类，如"苹果白兰地""杏子白兰地"或"樱桃白兰地"等。

有关白兰地酒的传说很多，其中之一是说白兰地酒的制作纯属偶然。早在 17 世纪，法国已向英国出口葡萄蒸馏酒。当时的白兰地是单纯的蒸馏酒精浓缩液，没有经过像木桶陈酿。其目的是为了减少运输的麻烦。将这种浓缩液运达目的地之后再兑水和色素以复原。至于白兰地的陈酿，据说早在 15 世纪，意大利的一位冶金师将这种烈性酒酿好之后储存在地窖的木桶里。一次，他所在的村庄遭到敌人袭击，他匆忙中将一桶没有掺水的白兰地

埋在地下，以免被敌人掠去。在冲突中，这个冶金师被敌兵打死。10 年之后，有人挖地时，无意发现了这桶陈酒，打开时发现里面有一半的酒已耗掉，剩下的酒呈金黄色，发出一种奇异的芳香，酒味更加醇厚。后来，人们就竞相效法这种储存方法。在原有工艺基础上，再经过加工、调配，白兰地酒的质量有很大的提高，逐步成为世界名酒。

（1）白兰地酒的商标特点

在白兰地酒的商标上，常注有不同的字母与"☆"的符号，通过这些"☆"号来标明白兰地酒的质量与陈酿时间。因为，新蒸馏出来的白兰地是无色的，酒度在 40~43 度，香气低而不调和，味道辛辣不适口，须采用在橡木桶内储存的方法来提高品质。橡木中的单宁、色素等物质逐步溶于酒中，酒色渐为金黄，陈化中空气透过木桶进入酒中，引起缓慢的氧化作用，使白兰地的酸、酯含量增加，同时酒精挥发，致使白兰地酒度降低。这一存储中发生的缓慢变化也称"自然老熟"，使其陈年品质俱佳。

白兰地商标上常见字母的含义：E—Esecia（特级的）；F—Fine（好、精美）；O—Old（陈年）；P—Pale（淡色）；S—Superior（优质的）；V—Very（非常）；X—Extra（特酿）；C—Cognac（科涅克）。

另外，法国政府为使国际上对法国名酒白兰地在酒龄（陈年时间）方面有明确认识，特作如下规定："☆"—3 年酒龄；"☆☆"4 年酒龄；"☆☆☆"—5 年酒龄；"V. O"—Very Old，即非常陈年的酒，酒龄在 10~12 年；"V. S. O"—Very Superior Old，酒龄在 12~17 年；"V. S. O. P"—Very Superior Old Pale，即非常优质的陈年浅色白兰地，酒龄在 20~25 年；"X. O"—Nepoleon 拿破仑，酒龄在 40 年以上；"Extral"—酒龄在 70 年以上。

虽说这些字母代表着各种白兰地酒的酒龄，但并不是真正陈酿了上述年限，而是在该酒推出市场前的混合过程中加入了具有上述年限的白兰地酒。

（2）法国白兰地

世界白兰地以法国产最多，质量最好。其中以法国的科涅克

(Cognac)和阿尔马涅克(Armagnac)尤为驰名。

科涅克又称"干邑",因产于法国西南部波尔多葡萄产区附近的科涅克地区而得名。它是世界上最受欢迎的一种酒,有"白兰地之王"的美誉。为保证"科涅克"的声誉,防止冒牌,法国政府在1909年5月1日颁布的法令中严格规定:只有在科涅克地区(干邑地区)生产的白兰地才能称为国家名酒,并受国家监督和保护。科涅克(或称干邑)地区,其阳光、温度、气候、土壤非常适于葡萄的生长,所产葡萄的酸甜度极易用来蒸馏白兰地。其酿酒原料选用圣麦米勇、可伦巴和白疯女三个著名葡萄品种,以夏朗德壶式蒸馏器经二次蒸馏,再盛入新橡木桶内储存,一年后移至旧橡木桶,以避免吸收过多的单宁。

科涅克的品质特点是酒体呈琥珀色,清亮透明. 酒体优雅,风格独特,酒度为43度。其常见著名酒牌有:Bisquit(百事吉);Hennessy X. O(轩尼诗 X. O,40年陈酿);Remy Manin(人头马);Martell Conlon Bleu(马爹利蓝带)等。

阿尔马涅克是法国产的另一世界著名的葡萄蒸馏酒,产于法国西南部的热尔省,它主要以深色白兰地而驰名。虽然没有科涅克著名,但与其风格颇为接近。酒浓呈琥珀色,略发黑发亮,因储存时间较短,故口味烈。陈年酒香气袭人,留杯许久,风格稳健沉着,酿香浓郁,回味悠长,酒度为43度,其著名酒牌有:Chablis(夏布利)和Casbgnon(卡斯塔浓)等。

5.5.2 威士忌

"威士忌"(Whisky, Whickey)之名源于欧洲凯尔特民族的"生命之水"一词。为什么会出现两种拼法,这是因为威士忌最先出现于苏格兰和爱尔兰的缘故。这两个地区为争当威士忌的始祖,常争论不休,各执己见。为示区别,苏格兰人用 Whisky 表示,而爱尔兰人则用 Whiskey 表示。

虽然两处写法的读音一样,但在不同的国家却代表着不同的意义。在英国,如果用"Whiskoy"则表示爱尔兰威士忌;在美国,以"Whiskoy"为习惯拼法,但却有两种威士忌的双重含义,而加拿大人却用"Whisky"一词表示威士忌。

威士忌属于谷物蒸馏酒类，是以大麦、黑麦、燕麦、小麦、玉米为原料，经糖化、发酵、蒸馏并在橡木桶中储存熟化3年以上，最后勾兑而成的一种蒸馏酒。威士忌也可被认为是不加酒花的啤酒蒸馏酒，因蒸馏前它的发酵工艺和啤酒极为相似。

威士忌按其产地和原料可分为四类，即：苏格兰威士忌、爱尔兰威士忌、加拿大威士忌和美国威士忌。这四大类威士忌各具特色，口味各异，其中以苏格兰威士忌最负盛名。

（1）苏格兰威士忌

苏格兰威士忌有四大产区，即：中北部的高地、南部的低地、西部的加姆贝尔镇和西部艾莱岛，每区的产品都有其特点。

苏格兰威士忌基本上是由当地产的大麦制成，但因大麦产量不足，近年也由美国、加拿大、印度、非洲进口大麦。威士忌的制作有六个主要程序：将大麦浸水发芽—烘干—粉碎—发酵—蒸馏—陈年后混合。需要说明的是，浸水后的麦芽需在泥煤上烘烤，以致成品酒带有泥煤味(或称烟熏味)，此外，因刚蒸馏出的酒味粗劣，需在橡木桶中储存。在储存中，木桶的颜色渗透到酒中，使原来粗劣的味道逐渐消失。醇美的威士忌酒要储藏10年以上，这时酒的色、香、味才达到最佳状态。

苏格兰威士忌具有独特的风格。它色泽棕黄带红，清澈透明，气味焦香、略带烟熏味，给人以浓厚的苏格兰乡土气息。口感甘冽，醇厚劲足，圆正、绵柔，酒度为40~45度。衡量苏格兰威士忌的重要标准是嗅觉感受，即酒香。

苏格兰威士忌按其原料和酿造方法的不同又可分为纯麦威士忌、谷类威士忌和勾兑威士忌三大类。

纯麦威士忌是用大麦一种原料制成，一般要经过二次蒸馏。蒸馏所获酒液酒度达63度，然后注入特制的木桶中陈酿。装瓶时再掺水稀释。陈酿5年以上的纯麦威士忌可以饮用，陈年7~8年为成品酒，陈酿15~20年为优质成品酒，储存20年以上的威士忌酒，质量下降，发生酸变或产生"木味"。

谷类威士忌是采用多种谷物作为原料制成的。谷物威士忌只需一次蒸馏，主要用于勾兑其他威士忌和金酒，市场上很少出售。

勾兑威士忌，是指用纯麦和各类威士忌掺和勾兑而成的混合威士忌酒。根据纯麦威士忌和谷物威士忌比例的多少，勾兑后的威士忌有普通和高级之分。一般来说，纯麦威士忌用量在50%~80%者，为高级勾兑威士忌；如果谷类威士忌所占比例大，即为普通威士忌。勾兑威士忌在世界销售的品种最多，是苏格兰威士忌的精华所在，著名苏格兰威士忌酒有：Johnine Walker Black Lable(尊尼获加黑牌)、Chivas Regal Whisky(皇家芝华士)、Royal Saluee Whisky(皇家礼炮)。

（2）爱尔兰威士忌

爱尔兰威士忌至少有700年的历史。它是以大麦为主要原料，其制作过程与苏格兰威士忌大致相同，只是爱尔兰威士忌在烘烤麦芽时，所用的不是泥煤，而是无烟煤。因此，爱尔兰威士忌无烟熏味。另外，因其储存期较长、一般是8~15年，成熟度较高，所以酒品柔和甜美，酒度在43度左右。著名酒牌有：Paddy(帕地)、Old Bushmills(老布什米尔)等。

（3）美国威士忌

美国威士忌的制法与苏格兰威士忌的差别在于所用谷物不同，蒸馏出的酒精纯度较低。美国威士忌分三大类：纯威士忌、混合威士忌和淡质威士忌。

① 纯威士忌

纯威士忌是不混合其他威士忌或谷类而制成，以玉米、黑麦、大麦或小麦为原料，制成后放在经过炭化的橡木桶中至少2年。纯威士忌还可细分四类：

波本威士忌，它是用至少51%的玉米谷物发酵、蒸馏成的，在新橡木桶中约陈4年。酒液呈琥珀色，原体香味很浓，口感醇厚，回味悠长，以肯塔基州产(Kenturky Straighe Bourbon Whiskey)的最为出名。波本威士忌大多数陈酿4~8年，酒度为43.5度。

黑麦威士忌，是用不得少于51%的黑麦及其他谷物制作的，颜色也为琥珀色，但味道与前者不同。

玉米威士忌，它是用不得少于80%的玉米和其他谷物制作的，用旧的炭木桶陈酿。

保税威士忌，它是一种纯威士忌，政府不保证它的质量，只要求至少要陈酿4年，酒度在装瓶时为50度，必须是一个酒厂所造。

波本威士忌是美国最著名的纯威士忌，销量居混合威士忌之上。

② 混合威士忌

它是用一种以上的单一威士忌以及20%的中性谷类酒精混合而成的。装瓶时的酒度至少为40度，常用来作为混合饮料的基酒，可分为三种：

肯塔基威士忌，是用该州所产的纯威士忌和谷类中性酒精混合而成。

纯混合威士忌，是用两种以上的纯威士忌混合而成的，但不加中性谷类酒精。

美国混合淡质威士忌，是美国的一种新酒种。用不得多于20%纯威士忌和80%酒度为50度的淡质威士忌混合而成。

③ 淡质威士忌

它是美国政府认可的一种新威士忌，蒸馏时的酒度达40~48度，口味清淡，用旧桶陈酿。

（4）加拿大威士忌

加拿大威士忌以大麦、裸麦、玉米为主料，在橡木桶中陈酿，再与各种烈酒混合制成。酒性温和，酒质轻淡，爽口，纯良。制造由政府监管，陈酿时间不得少于4年。在世界市场上属中等威士忌，销售良好。加拿大威士忌是属于勾兑威士忌，具有轻快、清香、淡雅特点。酒度为40度。

5.5.3 金酒

金酒又译为毡酒、琴酒或杜松子酒。金酒是以谷类为原料制成食用酒精，再用稀释的酒精浸泡"杜松子"及其他香料，在玻璃缸中储存，是不需陈化的蒸馏酒。

金酒是17世纪中叶由荷兰医生SyLvius创制的。当时他创制此酒的目的并不是为了把它当作饮料，而是作为廉价的利尿剂，其主要原料是有利尿作用的杜松子。SyLvius 将此种利尿剂称为 Geniever，这是杜松子的法语名称，这种利尿剂香气怡人，很快被作为酒精饮料饮用。参加 17 世纪宗教战争的英国士兵将这种酒由欧洲大陆带回英国。安妮女王（1702—1714 年）当政时期对法国进口的葡萄酒和白兰地征以重税，而对本国的蒸馏酒征收低税，因此金酒成为英国平民百姓的廉价蒸馏酒。当时，英国的显贵们非常鄙视金酒。但是，随着制作工艺的完善和它在配制混合酒中的重要作用，金酒慢慢地变成了身价很高的蒸馏酒，尤其以英国的干金酒占有显赫的位置。

世界金酒主要分为两大类，英式金酒和荷式金酒。

英式金酒主要由英国和美国生产，也有不少其他国家生产英式金酒。但英制金酒较美制金酒味浓芳香。英式金酒是按英国配方生产的金酒，属于干金酒。由于饮酒习惯的改变，干金酒比甜浓的荷式金酒更畅销。

干金酒的生产较荷式金酒简单，用食用酒精和杜松子以及其他香料共同蒸馏（也有将香料直接调入酒精内的）便获得干金酒。所加入的其他香料是：花椒、茴香、橘皮、甘草和杏仁等。干金酒既可单饮，又是混合酒制作的基酒之一，有人称它为鸡尾酒的"心脏"。

英式金酒的特点为酒液透明清亮，香气清雅，口味甘冽、醇厚、劲足，口感醇美，酒度略高于荷式金酒。

荷式金酒酿制时所用的谷物原料和香料与英式金酒相似，蒸馏酒液需经三次蒸馏精制，再加入杜松子及香料进行串香。与英式金酒相比，荷式金酒除具甜味外，且有香气浓郁，具有麦芽香气的特点，由于不适宜与其他酒谐调，很少作为混合酒的基酒，一般适合于净饮。荷式金酒加冰块，再配以一片柠檬，是马丁尼（Dry Martini）的最好代用品。荷式金酒色泽透明清亮、酒香和香料香气味突出，风格独特，个性突出，微甜，酒度在 52 度左右。

5.5.4 伏特加

伏特加又译为俄得克，是东欧国家最主要的谷物蒸馏酒。伏

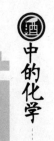

特加一词从俄语中的"水"派生出来，是俄国具有代表性的白酒。波兰和苏联是世界上伏特加酒的生产大国，伏特加被他们称之为"国酒"。关于伏特加的起源，有的认为起源于波兰，也有的认为起源于俄罗斯，波兰和苏联的伏特加不但具有悠久的历史，而且是世界上最地道的。伏特加尤其适合作为混合酒的基酒，正是此因，扩大了它在全世界的销售范围，并促进了它的销售量。现在世界上的产酒国家几乎都生产伏特加酒。

（1）俄罗斯伏特加

伏特加原是苏联的名产，它是以谷物为主，经过多次蒸馏、提炼，放入白桦活性炭经过滤，使之纯净，销售时稀释，具有清凉、透明、无色、无味、不苦、不涩的特点，酒度在50度左右。

（2）波兰伏特加

波兰伏特加在世界上颇有名气，是波兰人喜爱的饮品。其酿造工艺与俄罗斯伏特加相似，区别只是波兰人在酿造过程中，加入一些草卉、植物、果实等调香原料，使酒成为淡黄色，并带有香味。这就导致了波兰伏特加酒体丰富的风格。

5.5.5　朗姆酒

朗姆酒又称糖酒或甘蔗酒，其酿制的主要原料为甘蔗的糖浆。

朗姆酒是以甘蔗皮、渣、废蜜等副产品为原科，经原料处理，酒精发酵、蒸馏取酒，在橡木桶中陈酿后，形成特殊的色、香、味的蒸馏酒。朗姆酒的陈酿方法有多种。清淡型的朗姆酒是将精馏液储存在未经烧烤的橡木桶中约半年至1年，成熟的酒几乎和水一样清澈；丰厚型的朗姆酒是把蒸馏液储存在经火烤的橡木桶中，有3年、6年、10年不等，装瓶前还可以根据需要适当添加焦糖色用来调整颜色。各种朗姆酒最后都用蒸馏水将酒精浓度调到所需浓度。朗姆酒依其风格特点可分五类：

（1）白朗姆酒

白朗姆酒在有的地区又称为哥拉普或朗姆浓酒，这是一种新鲜酒，酒体清澈透明，蔗糖香味清馨，口味甘润、醇厚，酒体细腻，酒度在55度左右。

（2）淡朗姆酒

这是一种在酿制过程中尽可能提取非酒精多酚类物质的朗姆酒。其色呈淡黄、淡白、甘蔗香气淡雅，口味圆正。较适合作为混合酒的基酒。

（3）朗姆老酒

朗姆老酒是经过 3 年以上陈酿的陈酒。酒液呈橡木色，颜色比淡朗姆酒深，酒香醇浓优雅，口味精细圆正，酒度为 40 ~ 43 度。

（4）传统朗姆酒

此酒又称朗姆常酒。是经长时间发酵、蒸馏、火烤后，以木桶陈酿 8 ~ 12 年，加焦糖色，颜色呈琥珀色，甘蔗香味突出，口味醇厚圆润，人称"琥珀朗姆酒"，有时也作混合酒的基酒。

（5）浓香朗姆酒

此酒又称为强香朗姆酒，是用各种水果和香料串香而成的朗姆酒，此酒香气浓郁，酒度在 54 度左右。

在众多朗姆酒中以牙买加朗姆酒（Jamaican Rum）较为著名，其原料为甘蔗汁和甘蔗渣。酒液呈棕褐色或黑褐色，酒体丰满、醇厚、味浓、芳香，具有刺激感，一般须陈酿至少 5 年。其成品多运往英国陈酿，并在英国装瓶出售。大多产品可作调制混合饮料或作调味用及配制鸡尾酒。酒度为 40 ~ 43.5 度。其著名品牌有：Coruba Royal Rum（皇家高鲁巴）、Myer's Rum（美雅士朗姆酒）等。

波多黎各朗姆酒是世界上最大的朗姆酒生产地。它的大部分产品销往美国市场，其酒质堪称世界朗姆酒之冠。其生产原料是甘蔗渣，产品分两种类型，即白标朗姆酒和金标朗姆酒。其总体特点为酒度较低，口味甘冽，色淡而香，风格轻快。著名品牌有：Ronrico Rum（龙里格朗姆酒）、Bacardi Rum（百家地朗姆酒）等。

5.5.6 特吉拉酒

特吉拉酒因产于墨西哥的特吉拉镇而得名，是墨西哥的著名烈酒。它是以热带作物龙舌兰的发酵浆液蒸馏而成，又名仙人掌

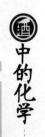

酒。其制作方法为，将浸泡在糖液中的仙人掌发酵后，经二次蒸馏至酒度为 52~53 度，此时的酒香气突出，口味凶烈。

特吉拉酒分白色、金色和银色三种。一般来说，白色的在橡木桶内储存时间没有要求；金色的要在橡木桶中储存 4 年以上；而银色的储存时间最长为 3 年。特级特吉拉酒需要更长的储存期。因此，特吉拉酒在橡木桶中陈酿时间不同，颜色及口味有很大差异。

特吉拉酒越来越受到世人喜爱，销量增长得很快，凡符合墨西哥国家质量监控标准的特吉拉酒，酒瓶上即有"DGN"字样。著名品牌有：Cuervo(凯弗)、Herradura(海拉杜拉)等。

5.6　日本清酒

日本清酒，是借鉴中国黄酒的酿造方法而发展起来的日本国酒。日本人常说，清酒是神的恩赐。据史书记载，古时候日本只有"浊酒"，没有清酒。后来有人在浊酒中加入石炭，使其沉淀，取其清澈的酒液饮用，于是便有了"清酒"之名。公元 7 世纪中叶之后，朝鲜古国百济与中国常有来往，并成为中国文化传入日本的桥梁。因此，中国用"曲种"酿酒的技术就由百济人传播到日本，使日本的酿酒业得到了很大的进步和发展。到了公元 14 世纪，日本的酿酒技术已日臻成熟，人们用传统的清酒酿造法生产出质量上乘的产品。这就是闻名的"僧侣酒"，其中尤其是奈良地区所产的最负盛名。后来，"僧侣酒"遭到荒废，酿酒中心转移到了以伊丹、神户、西宫为主的"摄泉十二乡"。明治后期开始，又从"摄泉十二乡"转移到以神户与西宫构成的"滩五乡"。"滩五乡"从明治后期至今一直保留着"日本第一酒乡"的地位。1000 多年来，清酒一直是日本人最常喝的酒。在大型的宴会上，结婚典礼中，在酒吧间或寻常百姓的餐桌上，人们都可以看到清酒，清酒已成为日本的国粹。日本清酒虽然借鉴了中国黄酒的酿造方法，但却有别于中国的黄酒。该酒色泽呈淡黄色或无色，清亮透明，芳香宜人，口味纯正，绵柔爽口，其酸、甜、苦、涩、辣诸味谐调，酒度在 15 度以上，含多种氨基酸、维生素，是营养丰富的饮料酒。

在日本全国有大小清酒酿造厂 1500 余家，其中著名的厂商有神户的菊正宗、京都的月桂冠、伊丹的白雪、神户的白鹤、西宫的日本盛和大关。这些著名的清酒厂大多集中在关西的神户和京都附近。

（1）清酒的分类

按照制作方法分类，清酒可分为纯米酿造酒、普通酿造酒、增酿造酒、本酿造酒和吟酿造酒。

纯米酿造酒即为纯米酒，仅以米、米曲和水为原料，不外加食用酒精。

普通酿造酒属低档的大众清酒，是在原酒液中兑入较多的食用酒精，即 1t 原料米的醪液添加 100%的酒精 120L。

增酿造酒是一种浓而甜的清酒。在勾兑时添加了食用酒精、糖类、酸类、氨基酸、盐类等原料调制而成。

本酿造酒属中档清酒，食用酒精加入量低于普通酿造酒。

吟酿造酒要求所用原料的精米率在 60%以下，以此酿造而成的酒具有香蕉的味道或者苹果的味道。吟酿造酒又根据精米率的差别分为：吟酿和大吟酿。其中大吟酿被誉为"清酒之王"。

清酒也可按照口味来分类，甜口酒、辣口酒、浓醇酒、淡丽酒、高酸味酒、原酒和市售酒。甜口酒为含糖分较多、酸度较低的酒；辣口酒为含糖分少、酸度较高的酒；浓醇酒为含浸出物及糖分多、口味浓厚的酒；淡丽酒为含浸出物及糖分少而爽口的酒；高酸味酒是以酸度高、酸味大为其特征的酒；原酒是制成后不加水稀释的清酒；市售酒指原酒加水稀释后装瓶出售的酒。

清酒也可按照储存期来分类，可分为新酒、老酒、老陈酒和秘藏酒。新酒是指压滤后未过夏的清酒；老酒是指储存过一个夏季的清酒；老陈酒是指储存过两个夏季的清酒；秘藏酒是指酒龄为 5 年以上的清酒。

清酒也可按照酒税法来分类，可分为特级清酒、一级清酒和二级清酒。

特级清酒品质优良，酒度在 16 度以上，原浸出物浓度在

30%以上；一级清酒品质较优，酒度在16度以上，原浸出物浓度在29%以上；二级清酒品质一般，酒度在15度以上，原浸出物浓度在26.5%以上。

根据日本法律规定，特级与一级的清酒必须送交政府有关部门鉴定通过，方可列入等级。由于日本酒税很高，特级的酒税是二级的4倍，有的酒商常以二级产品销售，所以受到内行饮家的欢迎。但是，从1992年开始，这种传统的分类法被取消了，取而代之的是按酿造原料的优劣、发酵的温度和时间以及是否添加食用酒精等来分类，并标出"纯米酒""超纯米酒"的字样。

目前，日本清酒大致可以分成两大类，一是有特定名称的日本清酒以及称为普通酒（或经济酒）的日本清酒。特定名称的日本清酒从本酿造酒到大吟酿酒，一共分为8种，这些酒都属于从前一级以上的特级酒。而相对较便宜的普通酒则占了所有日本清酒的8成。

（2）清酒的命名

日本清酒的命名很多，仅《铭酒事典》中介绍的就有400余种，命名方法各异。有的用一年四季的花木和鸟兽及自然风光等命名，如白藤、鹤仙等；有的以地名或名胜定名，如富士、秋田锦等；也有以清酒的原料、酿造方法或酒的口味取名的，如本格辣口、大吟酿、纯米酒等；还有以各类誉词作酒名的，如福禄寿、国之誉、长者盛等。

清酒是一种谷物原汁酒，因此不宜久藏。清酒很容易受日光的影响，白色瓶装清酒在日光下直射3h，其颜色会加深3~5倍。即使酒库内散光，长时间的照射影响也很大。所以，应尽可能避光保存，酒库内保持洁净、干爽，同时，要求低温（10~12℃）储存。

（3）清酒的主要品牌

日本清酒的厂商多达1500家左右，每个厂家都有自己的品牌。一般选取日本的清酒品牌还是很重要的，但是最重要的还是根据个人的口味，就像葡萄酒一样。

菊正宗：创业于1659年，即日本年号万治2年。它的历史悠久，是日本清酒界的老牌企业之一。其产品的特色是，酒香味烈，日语表述为：这是日本第一酒乡——滩五乡酒厂的特有酒质。因为其酒气凛冽，故称为"男人之酒"。很明显，菊正宗清酒与一般市面贩售稍带甜味的其他清酒不同。比如：京都的伏见酒——日语表述为"甘口"，即大家常说的"甜味之酒"，它在日本国内被称为"女人之酒"。之所以菊正宗公司可以酿造出如此凛冽之酒，是由于其在酿造发酵的过程中，采用自行开发的"菊正酵母"作为酒母。因为这种酵母菌的发酵力强，而且生命力旺盛，直到发酵末期也不会死亡，所以它最大限度地将酒中的葡萄糖转化成酒精。因此可以酿造出拥有凛冽酒质、余味悠长的日本清酒。

大关：大关清酒在日本已有 285 年的历史，也是日本清酒颇具历史的品牌，"大关"的名称由来是源于日本传统的相扑运动，数百年前日本各地最勇猛的力士，每年都会聚集在一起进行摔跤比赛，优胜的选手则会赋予"大关"的头衔，而大关的品名是在 1939 年第一次被采用，作为特殊的清酒等级名称。相扑在日本是享誉盛名国家运动，大关在 1958 年颁发"大关杯"给优胜的相扑选手，此后大关清酒就与相扑运动结合，更成为优胜者在庆功宴最常饮用的清酒品牌。

日本盛：酿造日本盛清酒的西宫酒造株式会社，在明治 22 年(1889 年)创立于日本兵库县，是著名的神户"滩五乡"中的西宫乡，为使品牌名称与酿造厂一致，于 2000 年更名为日本盛株式会社。其口味介于月桂冠(甜)与大关(辣)之间。有人将酿酒的原料比喻为酒的肉，酿酒用的水为酒血，酒曲则为酒的骨，那么酿酒师的技术与用心，则应该是酒的灵魂了。日本盛的原料米采用日本最著名的山田井，使用的水为"宫水"，其酒品特质为不易变色，口味淡雅甘醇。

月桂冠：月桂冠的最初商号名称为笠置屋，成立于 1637 年，当时的酒品名称为玉之泉，其创始者大仓六郎右卫门在山城笠置庄，也就是现在的京都相乐郡笠置町伏见区，从开始酿造清酒，至今已有 360 年的历史。其所选用的原料米也是山田井，水质属

软水的伏水，所酿出的酒香醇淡雅。在 1905 年，日本时兴竞酒比赛，优胜者可以获得象征最高荣誉的桂冠，为了能赢得象征清酒的最高荣誉而采用"月桂冠"这个品牌名称。由于不断的研发并导入新技术，广征伏见及滩区及日本各地的技术，如南部流、但马流、丹波流、越前流等互相切磋，因此在许多评鉴会中获得金赏荣誉。

本书配有读者微信交流群
扫码入群可获取更多资源

第6章 酒的制造

6.1 中国白酒的制造

中国白酒在饮料酒中独具风格，与世界其他国家的白酒相比，具有独特的风味。中国白酒无色透明，晶莹亮泽，香气宜人，五种香型的酒各有特色，香气馥郁、纯净、溢香好、余香不尽，口味醇厚柔绵，甘润清冽，酒体谐润，回味悠长，变化无穷的优美味道，给饮者以极大的欢愉和幸福之感。

6.1.1 白酒的原料

酿制白酒的主要原料有粮食类的高粱、玉米、大米和大麦；薯类的甘薯、马铃薯和木薯；农副产品的米糠、高粱糠、淀粉渣和甘蔗等；野生植物的橡子、黑枣等。

高粱，是我国酿造大曲酒的主要原料。以高粱为原料酿酒的特点为芳香味特别浓。玉米，因其所含各种成分比较适中，故使以其为原料的白酒具有比较醇甜的特点。大米，是我国南方小曲酒的主要原料，酿造出来的酒，质地较为纯净，并带有特殊的米香。用大麦酿出来的酒带有冲辣味，在国外不少蒸馏酒是以大麦经发芽法生产，我国则多用以作为制曲原料。由于酿制白酒的原料不同，从而形成不同酒品风味各异的特色。如：高粱香、玉米醇、大米净、大麦冲以及薯类原料薯杂味较浓的特点。

辅助原料又称填充料，即在采用固体发酵法酿造白酒时加入一定量的辅料。一般采用稻壳、谷壳、玉米芯、花生壳等。其作用为：调控淀粉浓度、冲淡酸度、吸收酒精、保持浆水一定的空隙，使酒醅发软，给发酵和蒸馏创造条件。

酒曲又称曲子或糖化曲，是淀粉原料的糖化剂。人常说："曲是酒的骨"，由于酿酒用曲的不同，不仅产酒率高低各异，

成品酒的风味也不大相同，因而曲对白酒酿制起着重要作用。酒曲主要有大曲、小曲和麸曲等。大曲是因曲胚外形似大块砖而得名，又因曲块可存放备用，称为陈曲，特别是便于保管和运输，酿造出来的白酒具有独特的曲香和醇厚口味。但因其以大米、小麦、豌豆等为主要原料，故除耗粮多外，还有用曲量大，生产周期长等缺点。因此只有酿造名优酒和较好的白酒才使用大曲。小曲是因其体积与大曲相比较小而得名，又因制造时加入各种药材，故又称药曲或酒药。小曲的特点是以大米、小麦、米糠等为原料，辅以中药材制成。小曲酿酒用曲量少，出酒率高，酿出的酒具有清雅的香气和较醇甜的口味，但不及大曲酿酒香气浓郁。麸曲是因以麸皮为主要原料，又称为麸皮曲，因其生产周期快，也称为快曲，是加入适量的新鲜酒糟或其他疏松剂，接种曲霉菌经培养繁殖而成的一种散状曲。麸曲的特点是鼓曲菌种纯净、节约粮食，适用于多样原料的白酒生产，并且生产周期短，便于机械化，酒质具有一般大曲酒的优点。

除以上几种主要酒曲种类外，还有酒糟曲、纤曲和液体曲，各自具有一定的糖化作用。

酵母菌经过大量繁殖培养后的培养液称为酒母。它在制酒过程中，有加速发酵过程，缩短生产周期的作用。特别是加入产香酵母，不仅增加酒的香气，又能改善酒的风味。

另一个酿酒非常重要的原料就是水，人们常说："名酒所在，必有佳泉。"我国人民历来对酿酒用水极为重视，把水比作酒的血。许多名酒厂都选址在水源良好之地，优质的水不仅能提高酒的质量，还能赋予酒特殊的风味。

6.1.2　白酒的生产工艺

白酒的生产工艺有固体发酵法、液体发酵法和混合发酵法。在固体发酵法的大曲、小曲、麸曲等工艺中，麸曲白酒在生产中所占比重较大，故以麸曲白酒为例简述其制作工艺。

① 原料粉碎。原料粉碎的目的在于便于蒸煮，使淀粉充分被利用。根据原料特性，粉碎的细度要求也不同。

② 配料。将新料、酒糟、辅料及水配合在一起，为糖化和发酵打基础。配料要根据甑桶、窖子的大小，原料的淀粉量、气温、生产工艺及发酵时间等具体情况而定，配料得当与否的具体表现，要看入池的淀粉浓度、醅料的酸度和疏松程度是否适当，一般以淀粉浓度在 14%~16%、酸度在 0.6~0.8、水分在 48%~50%为宜。

③ 蒸煮糊化。利用蒸煮使淀粉糊化。有利于淀粉酶的作用，同时还可以杀死杂菌。蒸煮的温度和时间视原料种类、破碎程度等而定。一般常压蒸料 20~30min。蒸煮的要求为外观蒸透，熟而不黏，内无生心即可。将原料和发酵后的香醅混合，蒸酒和蒸料同时进行，称为"混蒸混烧"，前期以蒸酒为主，甑内温度要求为 85~90℃，蒸酒后，应保持一段糊化时间。若蒸酒与蒸料分开进行，称之为"清蒸清烧"。

④ 冷却。蒸熟的原料，用扬渣或晾渣的方法，使料迅速冷却，达到微生物适宜生长的温度，若气温在 5~10℃时，品温应降至 30~32℃，若气温在 10~15℃时，品温应降至 25~28℃，夏季要降至品温不再下降为止。扬渣或晾渣同时还可起到挥发杂味、吸收氧气等作用。

⑤ 拌醅。固态发酵麸曲白酒，是采用边糖化边发酵的双边发酵工艺，扬渣之后，同时加入曲子和酒母。酒曲的用量视其糖化力的高低而定，一般为酿酒主料的 8%~10%，酒母用量一般为总投料量的 4%~6%(即取 4%~6%的主料作培养酒母用)。为了利于酶促反应的正常进行，在拌醅时应加水(工厂称加浆)，控制入池时醅的水分含量为 58%~62%。

⑥ 入窖发酵。入窖时醅料品温应在 18~20℃(夏季不超过26℃)，入窖的醅料既不能压得紧，也不能过松，一般每立方米内装醅料 630~640kg 为宜。装好后，在醅料上盖上一层糠，用窖泥密封，再加上一层糠。发酵过程主要是掌握品温，并随时分析醅料水分、酸度、酒量、淀粉残留量的变化。发酵时间的长短，根据各种因素来确定，有 3~5 天不等。一般当窖内品温上升至36~37℃时，即可结束发酵。

⑦ 蒸酒。发酵成熟的醅料称为香醅，它含有极复杂的成分。通过蒸酒把醅中的酒精、水、高级醇、酸类等有效成分蒸发为蒸汽，再经冷却即可得到白酒。蒸馏时应尽量把酒精、芳香物质、醇甜物质等提取出来，并利用掐头去尾的方法尽量除去杂质。

6.2 黄酒的制造

黄酒是我国最有发展前途的酒种之一，与其他酒种比较，最突出的优点是有益无害，无论是从继承民族珍贵遗产，还是从药用价值、烹调价值和营养价值来讲，黄酒都是适合于人们普遍饮用的饮料酒。

黄酒的液体中主要有糖分、糊精、酸类、甘油、有机酸、氨基酸、酯类、维生素等成分。这些成分及其变化、配合又形成了黄酒的浓郁香气，鲜美口味和醇香酒体等特点。

下面以绍兴酒为例，介绍黄酒的原料、生产工艺和特点。

6.2.1 黄酒的原料

糯米：酿造绍兴酒的糯米为硬糯。一般要求米色洁白，颗粒饱满，气味良好，不含杂粒。又以当年生产的新米为最佳酿酒原料。

水：绍兴酒的酿造用水，取自附近的鉴湖，人们认为鉴湖水是绍兴酒品质的决定因素之一。鉴湖水来自群山深谷，经过砂面岩土的净化作用，又含有一定量适于酿酒的微生物繁殖的矿物质，用鉴湖的水，黄酒才有鲜甜，醇香的特点。因此，水对黄酒的品质和风格起着重要作用。

酒药：是糖化、发酵菌制剂，在酿造淋饭酒的过程中，酒药起到糖化菌和发酵菌的接种作用，同时它对酿酒的风味有明显的影响。

麦曲：是酿造绍兴酒的糖化剂，它含有多种霉菌、对形成绍兴酒特有的品质风味关系很大，用曲量高达原料糯米的15.5%。

浆水：即浸米水，是酿造绍兴酒的重要配料之一。可使酒度有较快的增加，并能抑制杂菌的繁殖。

6.2.2　黄酒的生产工艺

浸米→蒸煮→冷却→拌曲→糖化发酵→压榨→过滤→装坛杀菌

摊饭·淋饭

生产绍兴酒，先要用淋饭法生产淋饭酒。淋饭法是用冷水淋凉米饭，达到冷却的作用。

摊饭酒，以摊凉米饭的方法生产，故得其名。它是绍兴酒的成品酒，品种很多，其中以"元红酒"产量最大，销售最广。

6.2.3　黄酒的生产特点

① 都是以粮食为原料配成的发酵原酒；

② 酒药中常配加中草药，使之具有独特的功效和风格；

③ 是在低温条件下发酵配制的，酒精发酵的全部生成物，构成了它特有的色、香、味、体，酒度一般在12度。

6.3　啤酒的制造

在4000多年前，啤酒就在古埃及问世，那时制啤酒的工艺简陋。大约在公元前3000多年，闪族人选择底格里斯河和幼发拉底河两河流域之间定居后，就开始酿造啤酒。公元前1800多年，在世界上最古老的成文法——巴比伦帝国的《汉穆拉比法典》中，曾记述有啤酒销售的准则，创立了啤酒的"公卖制度"。可见在当时的巴比伦帝国，人们不仅已经掌握了用大麦酿制啤酒的工艺，而且酿制出大量啤酒供人们饮用。

6.3.1　啤酒的原料

啤酒的原料可以分为如下几类：

大麦：是啤酒的主要原料之一。主要是为取其所含的糖类和蛋白质等成分。其次，大麦发芽后含有丰富的糖化酶，为啤酒生产中的糖化剂。酿造啤酒以二棱或六棱大麦为最佳。

大麦的种类及质量对啤酒的质量影响很大，因此，在进厂前就要保证大麦的质量。优良的大麦外观应有光泽，呈纯淡黄色，

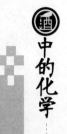

酒中的化学

不成熟的大麦呈微绿色，收割前后遇雨受潮的大麦，色泽发暗，胚部呈深褐色；受霉菌感染的麦粒，呈暗灰色和微蓝色；色泽过浅的大麦，多数是玻璃质硬粒或熏硫所致。良好的大麦有新鲜稻草香味，稍升温，散发出一股麦香味，受潮发霉的大麦有霉臭味，发芽能力已遭破坏。

优良的大麦应为单一品种，不夹杂不同品种、不同产地和不同年份的大麦，要求麦粒均匀整齐，皮薄，有细密的纹道，皮厚的大麦，纹道粗糙，不细密。大麦谷皮含量为7%~13%，薄皮大麦为7%~9%，厚皮大麦在11%以上。六棱大麦和冬大麦的谷皮含量一般较二棱大麦或春大麦高，酿造淡色啤酒应采用薄皮大麦。粒形肥短的麦粒与粒形瘦长的大麦相比，谷皮含量低，浸出率高，蛋白质含量低，发芽较快，溶解度好，适合酿造淡色啤酒。

酿造淡色啤酒时，要求大麦的蛋白质含量在9%~12%，如果蛋白质含量过高淀粉含量就低，引起麦芽的浸出率下降。大麦的千粒质量与麦粒大小成正比。千粒质量随水分增加而增加，对不同的大麦进行比较时，应以干物质计算，风干大麦的千粒质量通常为35~48g，绝干大麦的千粒质量为30~42g。大麦的发芽率至少要求达到95%。

酒花：在我国原名蛇麻花，译名"忽布"。因其为酿造啤酒的主要原料之一，故又称啤酒花。酒花雌雄异株，酿造啤酒只用成熟的雌花。世界上最好的酒花出产国是德国和捷克，英国因出产的酒花以香取胜，这成为这些国家生产质量最好啤酒的条件之一。我国人工种植的酒花是从日本引进的，现在我国北京、内蒙古等地均有种植。酒花在酿造啤酒中起着重要作用。

酒花赋予啤酒以特殊的香气和爽口的苦味，酒花在麦芽汁煮沸过程中，促进麦汁中蛋白质的沉淀，有利于麦汁的澄清，提高啤酒的稳定性，酒花可增加啤酒泡沫的持久性和稳定性，加强麦汁和啤酒的防腐能力，抑制杂菌的繁殖。酒花还可促使啤酒具有健胃、利尿、镇静等医疗效果。

水：啤酒生产用水量较大，特别是用以制麦芽和糖化的水与

84

啤酒质量有密切关系。啤酒对水的要求高于其他酒类，不得含有妨碍糖化、发酵以及有害于香味的物质，一般啤酒厂常利用深井水，有泉水则更佳。

酵母：啤酒发酵用的酵母称之为啤酒酵母，可将糖化的部分原料变为二氧化碳。

辅料：大米、玉米为酿制啤酒的辅料。可降低啤酒蛋白质的含量，以利于保存及改善酒的风味和减少麦芽用料，降低成本。

6.3.2 啤酒的生产工艺

啤酒酿造主要分四部分：麦芽的制备、麦芽汁的制备、啤酒的发酵及过滤储藏。

（1）麦芽的制备

制备麦芽的目的是为了让大麦先发芽，因为发芽后的大麦含有丰富的淀粉酶，能将其他原料中的淀粉转化为糖，再进行啤酒的酿造。

制备麦芽的过程是浸泡大麦。将大麦和水一起放到浸麦槽内（浸麦槽是一个下端呈锥形的铁槽，带有通风及搅拌设备），在温室放置2~3天，定时通风搅拌，使其大量吸水变软而膨胀。浸麦方法有：湿浸法、断水浸麦法、长断水浸麦法、喷雾浸麦法、湿水浸麦法、重浸渍法和多次浸麦法。浸麦温度为12~16℃，吸水后的大麦大约增重50%。在正常温度（12~16℃）下浸麦，大麦对水的吸收分三个阶段。第一阶段，浸麦6~10h，吸水迅速，占总吸水量的60%，麦粒水分从12%~14%上升到30%~35%。在此阶段，大麦胚部吸水快，胚乳吸水慢；胚中的淀粉酶，核糖核酸酶，磷酸酶的活力上升，上升的速度与吸水量一致。但在6h后，若浸麦的水不及时换掉或麦粒不能与空气接触，各种酶的活力又会下降。第二阶段，浸麦10~20h时，麦粒吸水很慢，几乎停止，此时胚及盾状体只吸收极少量的水分。第三阶段，浸麦20h之后，当供氧充足时，吸水量与浸麦时间成直线上升，麦粒水分由35%增至43%~48%。此后整个麦粒的各部分吸水缓慢而均匀。经过2~3天的浸泡，大麦进入发芽阶段。

大麦的发芽方式，最古老的是地板式发芽，将浸泡过的大麦

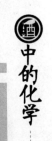

运到"场"上，"场"是指清洁、通风、温度必须在 8~12℃ 的地上。将运来的大麦堆成堆，厚约 30cm，经过 24h 后，大麦堆开始发热，这时就要将大麦翻动一次，以后，根据具体情况，每隔 8h 或更长一些时间翻动一次，保证发芽温度在 16~18℃，不能超过 20℃，经过 7~9 天的发芽，大麦成为含水分 40%~45% 的绿麦芽。

另一种比较先进的方式是大麦在发芽箱中发芽，发芽箱分两用箱和一用箱两种。一用箱只用来发芽，方法是把大麦铺在钻孔的金属搁板上约 60~80cm 厚。两用箱是大麦发芽和烘干在同一箱中进行。这两种发芽箱都有翻麦机设备。发芽的温度、天数与地板式发芽相同。

发芽结束后，进入制备麦芽的最后一道工序——烘干。绿麦芽经过加温使发芽停止，并除去水分，使麦芽干燥能够保存。具体做法是，将绿麦芽铺在板上，厚 15~60cm，加热到适当温度，加热过程中，翻麦机按照要求翻动麦芽，使麦芽受热干燥均匀。在干燥过程中，先使麦芽水分保持在 12%，温度在 40~50℃ 之间，然后升高温度在 60~80℃ 之间，不能高于 82℃，使麦芽干燥，这是浅色麦芽的烘干温度。黑(糊)麦芽要升温到 105℃ 干燥，使麦芽产生焦煳味，同时有焦糖、色素及不能发酵的物质产生。烘干麦芽的温度对啤酒的口味及种类有很重要的意义。另外，干燥中麦层的厚度，通风对麦芽的质量有很大影响。

(2) 麦芽汁的制备

制备麦芽汁的过程，俗称糖化。过程是将麦芽粉碎与温水混合，借助麦芽自身的多种酶，将淀粉和蛋白质等高分子物质分解成可溶性低分子糖类、糊精、氨基酸、胨、肽等，制成麦芽汁。

糖化过程中未分离麦糟的混合液称为糖化醪，滤除麦糟后称麦芽汁或麦汁，从麦芽中浸出的物质称浸出物。要求麦芽浸出率为 80%，其中 60% 是在糖化过程中经酶水解后溶出的。

(3) 啤酒的发酵

制成的麦芽汁经冷却后由酵母分解成葡萄糖，因酵母有丰富的麦芽糖酶。葡萄糖很快被酵母发酵成乙醇及 CO_2，在啤酒发酵中，分主（前）发酵和后发酵，主（前）发酵又以酵母品种的不同，分为底（下）面发酵和表（上）面发酵，在此主要介绍底面发酵。

传统的主发酵在开放式发酵池内或在密闭式发酵罐内进行，发酵池内装有冷却用的蛇管，用来调节温度。一般底面发酵的起始湿度为 5~7℃，最高温度可升到 8~10℃。添加酵母后 12~24h 发酵开始，麦芽汁内原有的氧，由于酵母细胞的增殖而被用去，麦芽汁被 CO_2 所饱和，这时在麦芽表面出现小气泡，并有白色的、乳脂状泡沫，这时，称为起泡期，也是发酵的第一阶段。

到发酵的第二阶段泡沫更多，并堆成堆，温度开始升高，被称为"低泡"阶段。这时的泡沫不是纯白色，有点褐色，是由于析出的酒花化合物或丹宁-蛋白化合物而造成的。

再经过 3~4 天，发酵液的温度上升很快，一直升到最高发酵温度，9℃左右。发酵也就进入第三个亦最活跃的阶段，即"高泡"阶段。这时有松软，褐色的泡沫堆。温度上升的原因是葡萄糖被发酵成乙醇及 CO_2 时，每克分子葡萄糖约放出 27kcal（1kcal ≈ 4.184kJ）的热，其中约 3kcal 的热作为酵母生长时的需要，其余的热量向麦芽汁内散发，致使发酵液温度升高，这时必须用人工或自动控制来调节发酵液温度。一般高泡阶段保持 2~3 天，然后温度逐渐下降。

高泡期过后，到主发酵的最后一个阶段，即"泡盖形成期"或"消沫阶段"。这时的泡沫减退了，形成深褐色的泡盖，漂浮在发酵液表面，酵母的增殖也停止，发酵液中只有少量酵母悬浮，大部分酵母形成浆状沉淀在池底，主发酵结束，用管道将发酵液送入储酒罐进行后发酵。

整个主发酵时间的长短取决酵母量、菌株、温度以及其他因素等。一般约需 8~10 天，若温度较高时略短，温度低时要延长几天。另外，主发酵室内不但要调节温度，而且要不断通入无菌空气，否则由于室内 CO_2 含量高，操作者无法工作。如果是密闭式发酵罐，就可将发酵中产生的 CO_2 进行回收、液化，作为啤酒洗涤和灌酒时的背压。回收 CO_2 有一套专门设备，在密闭式发酵

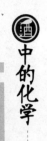

罐中将 CO_2 聚集起来后，再将 CO_2 引出，通过冷却及加压使之液化，备用。

当主发酵结束时，已基本决定啤酒的品种、风味、口味和质量，到后发酵阶段则无多大变化。前发酵结束时的啤酒叫作嫩啤酒，还需送到后发酵继续成熟，后发酵依靠嫩啤酒中的酵母在罐内进行发酵。因此用管道输送主发酵液时要注意，主发酵液中悬浮的酵母不能过多或过少，酵母过多，后发酵太快，一部分酵母较快死亡，成熟的啤酒中有大量酵母自溶物，喝起来有一股酵母味；主发酵液中酵母过少时，后发酵要延长时间，造成不必要的浪费，如遇到这种情况，可向后酵罐中加新酵母或加主发酵的高泡液进行补救，两种方法相比，用加高泡液的方法比较理想。后发酵在密闭的罐中长达 1~3 个月，要求温度保持在 0~2℃，只是在储存开始时，温度可略高一些，这样有利于双乙酰还原。为了使后发酵正常进行，一直到灌酒前必须尽可能冷藏。当啤酒在后发酵储存时，酵母最先沉淀，然后是轻一些的悬浮物、冷凝固物质沉淀，这些物质是在主发酵时析出的，到后发酵沉淀，因为冷却使其悬浮能力下降。

在后发酵时能产生芳香气味，使某些造成啤酒酵母气味的物质转化或随着 CO_2 一起挥发，使啤酒口味纯正，啤酒在后发酵储存一定时间，还能改善风味。但即使是在完全免除杂菌侵入的情况下，从某一储存时间起就不再改善啤酒的风味，过长的储存时间反而会使啤酒质量下降，至于储存时间的长短，依啤酒的种类而不同。

啤酒经过后发酵，使酒液中残存的糖，即麦芽三糖进一步发酵，产生更多的 CO_2，啤酒更为杀口，经过后发酵，还能使啤酒澄清及纯化。

(4) 啤酒的过滤储藏

后发酵结束，将待装的啤酒过滤清亮后，储放在清酒罐中，装瓶或桶。啤酒过滤的方法有几种，比较普遍的方法是用过滤棉或硅藻土过滤，但也有用离心法和无菌板过滤机过滤。

为了保证啤酒质量，一般是两个以上后酵罐的啤酒混合通过过滤机，混合时用的设备称为合流器。合流过滤时要尽量减少 CO_2 的损失，尽量避免空气进入啤酒内。过滤时最好用 CO_2 作背压，保证啤酒内有一定含量的 CO_2。啤酒在装瓶时使用自动装瓶机，既能阻止空气进入瓶内和啤酒接触引起氧化，还可保持 CO_2 压力。

啤酒装瓶后经常遇到的一个问题是保存过程中蛋白质沉淀，引起啤酒混浊失光，对于这种情况，多数啤酒厂都是用加蛋白酶的方法予以防止，优点是不仅能分解因别的物质引起混浊的蛋白质，还能产生大量泡沫，但加量不能过多。另外，还有加藻朊酸盐或类似的助沫剂增强啤酒中的泡沫。

6.4 葡萄酒的制造

葡萄酒是以葡萄为原料，经压榨和发酵而制成的饮料酒。葡萄酒的起源，据考古资料记载，发源地是小亚细亚里海和黑海之间及其南岸地区。大约在 7000 多年前，葡萄就开始在南高加索、中亚细亚、叙利亚和伊拉克等地栽培，后来随着移民传到其他地区。初传埃及，又传希腊，后传入古罗马。随着罗马帝国版图的扩大，葡萄传遍整个欧洲。

欧洲最早种植葡萄并引进葡萄酿酒的是希腊。因此人们认为，葡萄酒是由希腊人发明，而由罗马人推广开来的。随着历史的发展，葡萄栽培、葡萄酒造技术也就推向全世界。

中国自古已有葡萄酒。早在 2400 多年前，中国已经出现了有关葡萄的记载。《诗经》里面有"葛蕌"的名称，据说就是指一种土葡萄。汉武帝公元前 118 年，张骞出使西域后带回葡萄种子，并引入葡萄酒酿制技术，自此中国便有了葡萄酒。但唐朝以前的酿制已经无从考证，唐朝时造酒技术相当发达，葡萄酒的酿造已经非常盛行，并采用自然发酵法，即先将葡萄捣碎，然后放在坛中发酵酿成美酒。如唐代诗人王翰曾写下"葡萄美酒夜光杯，欲饮琵琶马上催"的著名诗句。在后来很长的时间里，我国葡萄酒的酿制发展很缓慢，直到 1892 年清代爱国华侨张弼士在山东烟台创办张裕葡萄酿酒有限公司，我国才开始近代的葡萄酒生产。

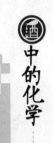

6.4.1　葡萄酒的原料

葡萄酒的酿制过程相当漫长，其主要原料为葡萄。葡萄酒的优劣首先取决于原料，葡萄的品种是葡萄酒酿造的关键，葡萄酒酿造即是从优良的葡萄品种中选择具有良好成熟度的葡萄。在法国的葡萄酒产区，种植了250多个品种的葡萄，这些品种在以下方面都存在着差异：

①　形态：果穗的形状（果梗的比例），果粒大小、含汁量、果皮厚度；

②　果粒的生物化学特性：含糖量、含酸量、含氮量，酒石酸、苹果酸和氨基酸之间的比例；

③　特殊生物化学特性：花色素苷和多酚物质的含量，黄色素和红色素之间的比例，芳香物质的含量、种类及其相互之间的比例；

④　酶学特性：各种酶，特别是多酚氧化酶的含量。

葡萄品种的这些形态学及生物化学特性的差异，就决定了它们之间工艺特性的差异，即葡萄品种具有工艺特异性。由此可见，葡萄浆果中的糖-酸（或葡萄酒中的酒-酸）平衡关系，决定了葡萄品种适于酿造何种类型的葡萄酒。但是，随着我们对葡萄浆果生物化学认识的不断深入，除了这个相对简单的指标外，还应加入多酚物质和芳香物质这两个指标，葡萄浆果中的多酚物质和芳香物质决定了葡萄酒的陈酿特性及其香气特性。因此，除了依照糖-酸平衡关系以外，我们还可将葡萄品种分为适于酿造结构感强、色深并需要陈酿的葡萄酒的品种。一般来说，葡萄酒工艺师可选择一系列相互补充的葡萄品种，以使所要生产的葡萄酒在保证风格的前提下达到平衡。

除葡萄品种这一遗传因素外，葡萄原料的质量还受土壤和气候的影响。产地的土壤和气候决定了葡萄酒的个性和年份。我们不可能将葡萄品种从其生态系统中孤立起来，气候、土壤和葡萄苗圃是葡萄园的基础。同样，我们也不能将葡萄品种从人为因素中孤立出来，葡萄果农通过栽培技术控制葡萄植株的生理，即营养、光合能力、光合产物在葡萄浆果和植株的主干、枝、叶及根系等其他器官之间的分配。所以，葡萄果农对葡萄原料的产量和质量都起着重要的作用，而葡萄酒工艺师则对此无能为力。但葡萄酒工艺师可对葡萄的成熟过程进行控制。综上所述，葡萄酒的质量首先取决于葡萄原料的质量，即葡萄的成熟度和卫生状况。在与所要酿造的葡萄酒种类相适应的葡萄成熟的最佳阶段进行采收，应是葡萄酒工艺师的首要任务。

葡萄浆果从坐果开始至完全成熟，需要经历不同的阶段。第一个阶段是幼果期，在这一时期，幼果迅速膨大，并保持绿色，质地坚硬。糖开始在幼果中出现，但其含量不超过 $10 \sim 20g/L$；相反，在这一时期中，酸的含量迅速增加，并在接近转色期时达到最大值。第二阶段是转色期，即是葡萄浆果着色的时期，在这一时期，浆果不再膨大。果皮叶绿素大量分解，白色品种果色变浅，丧失绿色，呈微透明状；有色品种果皮开始积累色素，由绿色逐渐转为红色或深蓝色等。浆果含糖量直线上升，由 $20g/L$ 上升到 $100g/L$，含酸量则开始下降。第三阶段是成熟期，即从转色期结束到浆果成熟，需 $35 \sim 50$ 天。在此期间，浆果再次膨大，逐渐达到品种固有大小和色泽，果汁含酸量迅速降低，含糖量增高，其增加速度可达每天 $4 \sim 5g/L$。浆果的成熟度可分为两种，即工业成熟度和技术成熟度。所谓工业成熟度，是指单位面积浆果中糖的产量达到最大值时的成熟度；而技术成熟度是指根据葡萄酒种类，浆果必须采收时的成熟度，通常用葡萄汁中的糖(S)/酸(A)比(即成熟系数 M)表示。这两种成熟度的时间有时并不一致，而且在这两个分别代表产量和质量的指标之间，通常存在着矛盾。现在，通常在葡萄转色后定期采样进行分析，并绘制成熟曲线，根据最佳条件(即葡萄酒质量最好)，确定采收时的 M 值，从而确定采收期。对于同一地块的葡萄，在不同的年份，应使用相似的 M 值。

成熟度差的葡萄原料，缺乏果胶酶，因而果粒硬且汁少，不仅增加压榨的难度，而且葡萄汁中的大颗粒物质含量高，影响葡萄酒的优雅度。此外，不成熟的葡萄原料中，富含氧化酶(影响

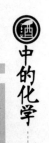

葡萄酒的颜色和口感)，脂氧化酶活性高(形成生青味)，苦涩丹宁和有机酸含量高，缺乏干浸出物、色素和芳香物质。

在葡萄的成熟过程中，重要质量成分(酚类物质、花色素苷、芳香物质)含量的变化与其中糖含量的变化相似，即在成熟过程中，含量是不断上升的。所以，糖是葡萄成熟的结果，随着其含量的增加，所有其他决定葡萄酒风格和个性的口感及香气物质的浓度都在不断地上升。实践证明，这些物质之间的平衡，即对应于最好的葡萄酒原料中这些物质之间的平衡，只有在最优良的生态条件、最良好的年份才能获得。这些生物化学的研究结果，具有重要的实践意义。它们表明，用加糖发酵的方式来弥补不成熟原料中含糖量低的缺陷是不可行的，因为成熟原料中除糖以外，还含有其他决定葡萄酒风格和个性的物质，即只有用成熟的原料才能酿造出优质的、独具风格的葡萄酒。

6.4.2　葡萄酒的生产工艺

葡萄酒的生产工艺就是将葡萄转化为葡萄酒的过程。它包括两个阶段，第一阶段为物理化学阶段，即在酿造红葡萄酒时，葡萄浆果中的固体成分通过浸渍进入葡萄汁；在酿造白葡萄酒时，通过压榨获得葡萄汁。但是，在这一阶段中，由于葡萄浆果中活细胞的存在，不可避免地会进行一些酶促反应，特别是由氧化酶催化的氧化反应。第二阶段为生物化学阶段，即酒精发酵和苹果酸-乳酸发酵阶段。同样，在该阶段中，由于生化反应导致基质的变化，也会伴随一系列化学及物理化学反应。

葡萄原料中，约20%为固体成分，包括果梗、果皮和种子；80%为液体部分，即葡萄汁。果梗主要含有水、矿物质、酸和丹宁；种子富含脂肪和涩味丹宁；果汁中则含有糖、酸、氨基酸等，这三种所含的物质都是葡萄酒的非特有成分。而葡萄酒的特有成分则主要存在于果皮中。从数量上讲，果汁和果皮之间也存在着很大的差异。果汁富含糖和酸，芳香物质含量很少，几乎不含丹宁。而对于果皮，由于富含葡萄酒的特殊成分，则被认为是葡萄浆果中的"高贵"部分。

葡萄酒酿造的目标就是，在实现对葡萄酒感官平衡及对其风格至关重要的这些口感物质和芳香物质之间的平衡的基础上，保证发酵的正常进行。

（1）浸渍

在红葡萄酒的酿造过程中，应使葡萄固体中所含的成分在控制条件下进入液体部分，即通过促进固相和液相之间的物质交换，尽量利用好葡萄原料的芳香潜力和多酚潜力。这就是红葡萄酒酿造所特有的浸渍阶段。浸渍，可以在酒精发酵过程中进行，也可以在酒精发酵以前或极少数情况下在酒精发酵以后进行。

在传统工艺当中，浸渍和酒精发酵几乎是同时进行的。原料经破碎（将葡萄压破以便于出汁，有利于固-液相之间的物质交换）、除梗后，被泵送至浸渍发酵罐中进行发酵。在发酵过程中，固体部分由于受 CO_2 的带动而上浮，形成皮渣"帽"，不再与液体部分接触。为了促进固液相之间的物质交换，一部分葡萄汁从罐底放出，被泵送至发酵罐的上部以淋洗皮渣"帽"的整个表面，这就是倒罐。

芳香物质比多酚物质更易被浸出，所以决定浸渍时间长短是多酚物质的浸出条件。在此阶段，最困难的是，只浸出花色素和优质丹宁，而不浸出带有苦味和生青味的劣质丹宁。发酵形成的酒精和温度的升高，有利于固体物质的提取，但应防止温度过高或过低。温度过低（<20~25℃），不利于有效成分的提取，温度过高（>30~35℃），则会浸出劣质丹宁并导致芳香物质的损失，同时还有发酵中止的危险。

倒罐是选择性浸出优质丹宁的最佳方式，但必须防止将果梗及果皮撕碎的强烈机械处理（破碎、除梗、泵送）。因为在这种情况下，几乎完全失去了选择性浸出的可能性。在多酚物质当中，色素比丹宁更易被浸出。所以，根据浸渍时间的长短（从数小时到一周以上），我们可以获得各种不同类型的葡萄酒，如桃红葡萄酒，果香味浓且应尽快消费的新鲜红葡萄酒或醇厚、丹宁感强、需陈酿的红葡萄酒等。浸渍时间的长短，还取决于葡萄品种、原料的成熟度及其卫生状况等因素。浸渍结束后，需通过出罐将固体和液体分开。液体部分（自流酒）被送往另一个发酵罐继

续发酵，然后进行澄清过程中的物理化学反应。固体部分中还含有一部分酒，因而通过压榨而获得压榨酒。同样，压榨酒被单独送往另一个发酵罐继续发酵。在有的情况下，短期浸渍后，一部分葡萄汁从浸渍罐中分离出来，用来酿造桃红葡萄酒。这样酿造的桃红葡萄酒，比用经破碎后的原料直接压榨酿造的桃红葡萄酒香气更浓，颜色更稳定。

对原料加热浸渍是另一种浸渍技术。它是将原料破碎、除梗后，加热至 70℃ 左右浸渍 20~30min，然后压榨，葡萄汁在冷却后进行发酵，这就是热浸发酵。热浸发酵主要是利用提高温度来加强对固体部分的提取。同样，色素比丹宁更易浸出，我们可通过对温度的控制，达到选择利用原料的颜色和丹宁潜力的目的，从而可生产出一系列不同类型的葡萄酒。热浸还可控制氧化酶的活动，这对于受灰霉菌危害的葡萄原料极为有利，因为这类原料富含能分解色素和丹宁的漆酶。几分钟的热浸即可在颜色上获得与经几天普通浸渍相同的效果。同时，由于浸渍和发酵是分别进行的，可以更好地对它们进行控制。

对原料的浸渍也可在 CO_2 气体中进行，这就是 CO_2 浸渍发酵。浸渍罐中为饱和 CO_2，并将葡萄原料完整地装入浸渍罐中。在这种情况下，一部分葡萄被压破，释放出葡萄汁，葡萄汁中的酒精发酵保证了密闭罐中 CO_2 的饱和。浸渍 8~15 天后(温度越低，浸渍时间应越长)，分离自流酒，将皮渣压榨。由于自流酒和压榨酒都还含有很多糖，所以将自流酒和压榨酒混合后可以继续进行酒精发酵。在 CO_2 浸渍过程中，没有破损的葡萄浆果会进行一系列的厌氧代谢，包括细胞内发酵形成酒精和其他挥发性物质，如苹果酸的分解，蛋白质、果胶质的水解，液泡物质的扩散，以及多酚物质的溶解等，并形成特殊的令人愉快的香气。由于果梗未被破损，并且没有被破损葡萄释放的葡萄汁所浸泡，所以只有对果皮的浸渍，因而 CO_2 浸渍可获得芳香物质和酚类物质之间的良好平衡。通过 CO_2 浸渍发酵后的葡萄酒口感柔和，香气浓郁，成熟较快。它是目前已知的唯一能用中性葡萄品种获得芳香型葡萄酒的酿造方法。宝祖利发酵法则是 CO_2 浸渍发酵与传统酿造法的结合，故有人称之为半二氧化碳浸渍发酵法。

与红葡萄酒一样，白葡萄酒的质量也取决于主要口感物质和芳香物质之间的平衡，但白葡萄酒的平衡与红葡萄酒的平衡是不一样的。白葡萄酒的平衡一方面取决于品种香气与发酵香气之间的合理比例；另一方面取决于酒度、酸度和糖之间平衡，多酚物质则不能介入。对于红葡萄酒，我们要求与深紫红色相结合的结构、骨架、醇厚和醇香，而对于白葡萄酒，我们则要求与带绿色调的黄色相结合的清爽、果香和优雅性，一般需避免氧化感和带琥珀色调。

为了获得白葡萄酒的这些感官特征，应尽量减少葡萄原料固体部分的成分，特别是多酚物质的溶解。因为多酚物质是氧化反应的底物，而氧化过程将破坏白葡萄酒的颜色、口感、香气和果香。此外，从原料采收到酒精发酵，葡萄原料会经历一系列的机械处理，这会带来两方面的问题：一方面会破坏葡萄浆果的细胞，使其释放出一系列的氧化酶及其氧化底物(多酚物质)和作为氧化促进剂并能形成生青味的不饱和脂肪酸；另一方面可形成一些悬浮物，这些悬浮物在酒精发酵过程中，会促进影响葡萄酒的质量和高级醇的形成，同时抑制提高葡萄酒质量的酯的形成。因此，白葡萄酒的酿造工艺就十分清楚了，用于酒精发酵的葡萄汁应尽量是葡萄浆果的细胞汁，用于取汁的工艺必须尽量柔和，以减小破碎、分离、压榨和氧化这些负面影响。

实际上，白葡萄酒的酿造工艺包括将原料完好无损地运入酒厂，防止在葡萄采收和运输过程中的任何浸渍和氧化现象；破碎、分离、分次压榨、SO_2处理和澄清，用澄清汁在 $18\sim20℃$ 的温度条件下进行酒精发酵，以防止香气的损失。此外，应严格防止外源铁的进入，防止葡萄酒的氧化和浑浊(铁破败)。因此，所有的设备最好使用不锈钢材料。

在取汁时，最好使用直接压榨技术，也就是将葡萄原料完好无损地直接装入压榨机，分次压榨，这样就可避免葡萄汁对固体部分的浸渍，同时可更好地控制葡萄汁的分级。利用直接压榨技术，还可将红色葡萄品种(如黑比诺)酿造成白葡萄酒。

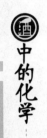

　　上述工艺的缺陷是，不能充分利用葡萄的品种香气，而品种香气对于平衡发酵香气是非常重要的。所以，在利用上述技术时，选择芳香型葡萄品种是第一位的。此外，为了充分利用葡萄的品种香气，也可采用冷浸工艺，即尽快将破碎后的原料，在5℃左右浸渍10~20h，这样可使果皮中的芳香物质进入葡萄汁，同时抑制酚类物质的溶解和防止氧化酶的活动。浸渍结束后，分离、压榨、澄清，在低温下发酵。

　　（2）发酵

　　发酵是葡萄酒酿造的生物化学过程，也是将葡萄浆果转化为葡萄酒的主要步骤。它包括酵母菌将糖转化为酒精和发酵副产物以及乳酸菌将苹果酸分解为乳酸两个生物化学过程，即酒精发酵和苹果酸乳酸发酵。只有当葡萄酒中不再含有可发酵糖和苹果酸时，它才被认为获得了生物稳定性。

　　对于红葡萄酒，这两种发酵进行得必须彻底。苹果酸-乳酸发酵可降低酸度(将二元酸转化为一元酸)，同时降低生酒的生青味和苦涩感，使之更为柔和和圆润。而对于白葡萄酒，情况则较为复杂。对于含糖量高的葡萄原料，酒精发酵应在酒与糖达到其最佳平衡点时中止，同时避免苹果酸-乳酸发酵。对于干白葡萄酒，一般需要在酒精发酵结束后进行苹果酸-乳酸发酵，但对于那些需要果香味浓、清爽的干白葡萄酒则不能进行苹果酸-乳酸发酵。总之，对于需要进行酒精发酵和苹果酸-乳酸发酵的葡萄酒，重要的是酒精发酵和苹果酸-乳酸发酵不能交叉进行，因为乳酸菌除分解苹果酸以外，还可分解糖而形成乳酸、醋酸和甘露醇，这就是所称的乳酸病。

　　葡萄汁是一种更利于酵母菌生长的培养基，乳酸菌在其中的生长受到了酸度和酒精的抑制。因此，一般情况下，当乳酸菌开始活动时，所有的可发酵糖基本都被酵母菌消耗完了。但有时也会出现酒精发酵困难甚至中止的现象。葡萄酒工艺师的任务就是，使酒精发酵迅速、彻底，并且在酒精发酵结束后，(在需要时)立即启动苹果酸-乳酸发酵。所以，在葡萄汁(醪)中，需要促进酵母的活动而暂时抑制乳酸细菌的活动。但是对细菌的抑制也不能太强烈，否则就会使酒精发酵结束后的苹果酸-乳酸发酵推迟，甚至完全抑制苹果酸-乳酸发酵。

乳酸细菌的主要抑制剂是SO_2，应尽早将其加入到破碎后的葡萄原料或葡萄汁中，这就是SO_2处理。SO_2的用量根据原料的卫生状况、含酸量、pH值和酿造方式不同而有所差异，一般为$30\sim100mg/L$（葡萄汁）。由于SO_2还具有抗氧化、抗氧化酶和促进絮凝等作用，所以在白葡萄酒的酿造时，其用量较多，以防止氧化，促进葡萄汁的澄清。

目前，SO_2几乎是葡萄酒工艺师所能使用的唯一的细菌抑制剂。但在使用时，必须考虑其对酒精发酵的影响。葡萄的酒精发酵可自然进行，这是因为在成熟葡萄浆果的表面存在着多种酵母菌，它们在葡萄破碎以后会迅速繁殖。由于各种酵母菌抵抗SO_2的能力不同，所以SO_2对酵母菌有选择作用，也可抑制所有的酵母菌。因此，在多数情况下，可通过选择SO_2的使用浓度，来选择优质野生酵母（通常为酿酒酵母Sacharomy cescerevisiae），或者杀死所有的野生酵母，而选用特殊的人工选择酵母（如增香酵母、非色素固定酵母等）。

一旦葡萄原料通过SO_2处理和加入选择酵母后，葡萄酒工艺师就应促进酵母菌的生长及其发酵活性。在这个过程中，葡萄酒工艺师应对两个因素进行控制。一个因素是温度，温度一方面影响酵母菌的繁殖速度及其活力，另一方面影响酒精发酵。当温度高于40℃时，酵母菌就会死亡，温度高于30℃时，发酵中止的可能性就会加大。因而，符合酵母菌生物学要求和葡萄酒工艺学要求的温度范围是18~30℃。另一个因素是氧，在添加酵母前的一系列处理过程中，葡萄汁所溶解的氧，很快就被基质中的氧化酶所消耗，留给酵母菌的氧则很少，因而酵母菌的繁殖条件为厌氧条件。在厌氧条件下，促进酵母菌的生存和繁殖的主要因素是细胞中的固醇类物质和非饱和性脂肪酸，但这两者的生物合成都需要氧。因此，必须为酵母菌供氧。供氧的最佳时间为入罐之后，酒精发酵之前。在这个时候，如果我们希望酒精发酵迅速彻底，就必须进行一次开放式倒罐。

在酒精发酵结束以后，接着登场的就是乳酸菌。由于葡萄酒的酸度高、pH 低、酒度高，不利于乳酸菌的活动，苹果酸乳酸发酵的控制就比较困难。为了促进苹果酸–乳酸发酵的顺利进行，可在酒精发酵时，对其中几罐的原料不进行 SO_2 处理，并进行轻微的化学降酸。在酒精发酵结束后，用这几罐葡萄酒与其他罐葡萄酒混合，同时防止温度过低，应将温度控制在 18~20℃。在苹果酸–乳酸发酵结束后，应立即进行 SO_2 处理，防止乳酸菌分解戊糖和酒石酸。很显然，酒精发酵不仅仅是将糖转化为乙醇，同时也对香气起着非常重要的作用。正是在这一阶段，才使葡萄汁具有了葡萄酒的气味。一般认为，酒精发酵所产生的香气物质为其形成的酒精浓度的 1% 左右。工艺师的作用就是促进这些香气物质的形成，并且防止它们由于 CO_2 的释放而带来的损失。

在发酵结束后，葡萄就转化成了葡萄酒，葡萄酒的生物化学阶段也就此结束。此后，葡萄酒再次进入化学和物理化学阶段。这一阶段的作用是将生葡萄酒转化为可供消费者享用的成熟葡萄酒。

（3）葡萄酒的稳定和成熟

刚发酵结束后的葡萄酒，富含 CO_2，而且浑浊，红葡萄酒的颜色是不太让人喜欢的紫红色，葡萄酒具有果香，但口感平淡，酸涩味苦，并且不稳定。如果将一瓶生葡萄酒放入冰箱，几天后，就会出现酒石和色素沉淀。这是葡萄酒在酒罐或在酒桶的成熟过程中缓慢出现的正常现象。这一成熟过程可持续几个月，或者数年，甚至数十年。

分析结果表明，这些沉淀物主要是酒石酸氢钾、色素、丹宁、蛋白质及微量的铁盐和铜盐。实际上，葡萄酒既是化学溶液，又是胶体溶液。它含有以溶解状态存在的多种化学物质，其中一些接近饱和状态，同时还含有多种大分子胶体，包括果胶、多糖等碳水化合物，蛋白质、丹宁、花色素苷等多酚类物质。决定葡萄酒稳定和成熟的主要是离子平衡、氧化、还原、胶体反应等，极少数情况下还有酶反应和细菌活动。

在葡萄酒的成熟和稳定过程中，最快的反应是酒石酸盐的沉淀。在葡萄酒的 pH 条件下，酒石酸与钾离子结合，形成酒石酸氢钾，酒石酸氢钾难溶于酒精，并且其溶解度在低温下会降低。因此，在酒精发酵结束后，随着温度的降低，就会出现结晶沉淀而形成酒石。沉积在发酵罐内壁的酒石层，有时可达数厘米。苹果酸-乳酸发酵会加速酒石沉淀，因为这一发酵可提高葡萄酒的 pH。

第二个重要的现象涉及多酚物质。花色素以游离态和与丹宁结合态的两种形式存在于葡萄酒中。丹宁本身也是由聚合度不同的黄烷聚合而成，它也以游离态和结合态的形式存在。在葡萄酒的储藏过程中，小分子丹宁的活性很强，它们或者分子间聚合，或者与花色素苷结合。这样，游离花色素苷就逐渐消失，所以，陈年葡萄酒的颜色与新酒的颜色就不一样了。随着黄色调的加强，红葡萄酒的颜色由紫红色逐渐变为宝石红色，最后变为瓦红色。与黄烷的聚合度有关的涩味也逐渐降低，从而使葡萄酒更加柔和，并保留其骨架，聚合度最高的丹宁就变得不稳定而絮凝沉淀。葡萄酒多酚物质的这些转化，必须通过在葡萄酒中正常存在的微量铁和铜离子催化的氧化反应来实现。但是，这些氧化反应必须在控制范围内。所以，葡萄酒的成熟和稳定，必须要有氧的参与，但氧的量必须控制。在成熟和稳定过程中，氧的加入是通过葡萄酒的分离或者由桶壁渗透来实现的。因此，确定葡萄酒的分离时间或者在木桶中的陈酿时间，就成为葡萄酒陈酿艺术的关键。通过上述反应，葡萄酒就逐渐地、缓慢地达到其离子、胶体和感官的平衡状态。

通常需要通过人为的方式，加速葡萄酒陈酿过程中的这些沉淀和絮凝反应。第一种方式就是低温处理，即将葡萄酒的温度降低到接近其冰点，保持数天后，在低温下过滤。然后就是下胶，即在葡萄酒中加入促进胶体沉淀的物质。它们或者与葡萄酒中的胶体带有相反的电荷，或者可与葡萄酒中的胶体粒子相结合，如在白葡萄酒中用于去除蛋白质的膨润土，在红葡萄酒中用于去除过多丹宁的明胶和蛋白。它们在絮凝过程中，还会带走一部分悬浮物，从而使葡萄酒更为澄清。下胶澄清的机制比过滤更为复

杂。它会引起蛋白质、丹宁和多糖之间的絮凝，同时还能吸附一些非稳定因素，所以下胶不仅能够使葡萄酒澄清，同时也能使葡萄酒稳定。

在低温处理和下胶以后，葡萄酒就可被装瓶了。在装瓶前，需要对其进行一系列过滤，过滤的孔径应越来越小，最后一次过滤应为除菌过滤。在装瓶以后，葡萄酒就进入还原条件下的瓶内储藏阶段，这一阶段是将果香转化为醇香的必需阶段。但目前还没有完全研究清楚其原理。

6.5 日本清酒的制造

日本清酒为酿造酒，基本上是以米和水为原料进行酿造。原料米是去除米糠的精米。日本酒的制造使用更高的精米（磨去米外层，留下米心部分的百分比约为 90%）。由于米的外侧含有大量蛋白质、脂质、灰分和维生素等，这些成分加入酒中会增加杂味，不利于调和，损害酒的品质。因此，有必要除去这些杂质成分，由精米即米的中心纯粹的淀粉质作原料。

根据使用的原料或米的精米比率，就产生了不同的日本清酒。只是以米、米曲子、水为原料，不使用其他的副原料制造的酒是纯米酒。非纯米酒是添加了酿造用的酒精，这些当中最一般的叫普通酒。本酿造酒添加酒精，其添加量控制为少量（白米质量的 1% 以下），而且精米比率被限定在 70% 以下。将原料米精磨到 60%（外侧 40% 以上被去除）以下，将醪液在低温下长时间发酵，形成良好的香味和色泽的酒叫吟酿酒。对于吟酿酒而言，仅以米、米曲子和水为原料的叫纯米吟酿酒，也有稍微添加酒精的吟酿酒。吟酿酒中使用将原料米精磨到 50% 以下的精米叫大吟酿，也有将原料米精磨到 40% 或 30% 以下的大吟酿。过去，米不充足的年代，为了增加酒的产量而添加酒精，而现在吟酿酒的酒精添加，是以调整香味为目的。

将原料装入釜中开始发酵前，要将米煮熟，向蒸好的米饭中撒入曲霉菌的孢子，与此同时要准备能让曲霉菌增殖的米曲子。向米、米曲子和水中加入培养酵母菌，使酵母菌健全增殖制造出酒曲，向釜中的酒曲加入蒸熟的米、米曲子和水便开始发酵。

日本清酒的下料，分三阶段进行，不是将原料一起全部加入，而是分为三次加入。第一次下料叫"初添"，向釜中的酒曲加入米曲子、蒸熟的米和水。第二次（第二天）叫"跳舞"，为了使酵母增殖，不再进行下料。第三次（从初添数的第 3 天），连续两天加入曲子、蒸熟的米和水，分别叫"仲添"和"留添"。制造日本清酒的过程中，微生物的发酵等完全是在开放状态下进行的，若一次性全部将原料加入酒曲的话，好不容易增殖的酵母被稀释，杂菌污染的危险性增加，而阶段性的增加酵母数量，可以健全的增殖，防止杂菌的污染。

下料结束后，下一步就是开始进行发酵。由于米蒸熟后容易溶解，通过与曲子的酵素的作用，淀粉分解为糖分，蛋白质分解生成氨基酸。在生成糖分或氨基酸的同时，酵母菌分解糖而生成酒精。

在啤酒或威士忌酒的制造上，发酵前，通过麦芽的酵素将原料麦芽（以及其他的谷类）中的淀粉质转化为糖质，糖化结束后，发酵工序开始。与此相反，日本清酒制造的特点是，糖化和发酵在一个釜中同时进行。像威士忌酒那样糖化和发酵分开来进行的是复发酵，日本清酒将这两个工序同时进行，被称之为并行复发酵。另外，在朗姆酒或葡萄酒的原料当中，本身有糖分的存在，所以原料没有糖化工序，这种发酵法叫单发酵。

日本清酒的酿造，酒发酵终止时的成分就决定了成品酒的成分，所以，可以用糖分残留作为控制发酵的指标。为此，醪液的最高温度也比蒸馏酒低，一般的醪液大约温度在 15～20℃附近，吟酿酒等由于是在低温发酵，所以容易在产品中积蓄香气成分，也有控制在更低的温度，接近 10℃进行发酵。

威士忌酒或朗姆酒的发酵需要 3~4 天，日本清酒则需要 3 周到 1 个月，图 6-1 显示了清酒发酵过程中的样子。大吟酿酒等发酵时间较长的酒就需要 1 个月以上，发酵醪液中酒度数高的有时超过 20 度。由于采取并行复发酵的下料方式，提高醪液中酒度数是日本清酒制造方法的一个很大特点。

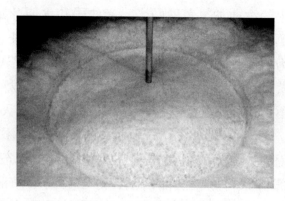

图 6-1　日本清酒的发酵
（用旋转的螺旋桨打开醪液的泡沫使碳酸气体排出）

在清酒的生产过程中，酵母除生成酒精外，还生成构成酒的味道的重要组成部分——有机酸，以及生成香气成分的高级醇类和脂类物质。由于曲霉菌酵素溶解原料米，生成糖分、氨基酸，酵母菌摄取这些物质，将其转化为酒精，同时产生了酒的味道和香气的成分。所以，日本清酒是曲霉菌和酵母菌的共同作业的产物，如何使这两种微生物很好地发挥作用，对制造日本清酒来讲是很重要的。

发酵终止的醪液用榨汁机进行固液分离，澄清的液体为清酒，残留的固体是酒糟。其后，一般进行的工序是装酒、去除残渣、过滤和加热杀菌，最后装入瓶中成为成品。榨醪液后的"现榨的酒"是未被氧化还处于新鲜的状态，并且还稍微含有一点碳酸气体，其味道是非常爽快可口的，如同刚刚去皮的苹果那样，新鲜的口味是日本清酒的魅力之一。

水是日本清酒最重要的原料之一，而水质的好坏对于清酒的质量有着决定性的影响。

在日本的高知市过去有数十家造酒的作坊，现在"醉鲸造酒"是在高知市内唯一的酒厂。

"醉鲸造酒"的位置靠近海边，另一侧山中的水源很丰富，在这里建酒厂也是因为这里良好的水质。实际上，据说这一地区过去一直使用的是井水，其后，由于开山建房等原因，山的保水能力减弱，海水倒流，引起了井水的盐化。与大约 15 年前水的分析结果比较，钠离子、氯离子和磷酸离子等来自海水的成分明显增多，因此可以确定海水混入井水。现在的生产用水，是每天将位于高知市北部，土佐山区镜川的源流水运送到工厂，在2008年镜川被评为"平成的名水"。

在日本酒的制造过程中，将水中成分分为两类，一类是有效成分，另一类是不良成分。有代表性的有效成分如钾、镁、无机磷等是微生物的生育发酵所必需的物质，钙、氯离子是酵素的抽出和稳定化的必要物质。不良成分的代表如铁与曲霉素结合引起着色。锰是日光着色的催化剂，也是使酒着色的原因。现在使用的镜川源流水（图6-2）不含铁、锰，过去使用的井水含铁，锰、必须进行去除处理。

图6-2　镜川的源流水（不含铁、锰）

为了有效地去除铁，必须清楚水中铁的存在状态，例如以离子状态存在，还是以络合物状态存在，然后再采取切实的处理方法。在使用井水作为原料时，对井水的处理需下很大的功夫，或是使用氯气，或用紫外线照射产生臭氧，通过各种尝试，终于找到了去除铁、锰的处理方法。在处理水的过程中发现一个问题，虽然水中不必要的成分去除了，但是水的味道并没有变好，用处理过的水制造清酒，感到有枯瘦感，好像失去了水的清冽鲜活的感觉。

第7章　酒的味道与健康

7.1　酒的香醇与味道的平衡

在构成食物美味的"甜味、咸味、酸味、苦味"这四个要素之外，还有氨基酸的鲜味，单宁酸一类的涩味，辣椒一类调味料的辣味。"美味"并不局限在这些味道，而是由香味、外观、温度、物理性感觉，如嚼感、牙齿咬合时发出的声音、食用者的嗜好与状态(喜好、心理状态以及是否空腹)等复杂因素综合起来的。因此，同"人的喜好没法解释"一样，美味是无法科学测量的。然而，关于美味的研究正在进行着，对感受味道的受体和对神经系统的研究也正在进行，不是测量某一种化学物质，而是测量味道本身的传感器也正在研究开发之中。2003 年，由日本香川大学农学院的名誉教授山野善正等建立了美味科学研究所，力求研究开发出能对味道、香气等感知的系统和将美味以数值方式表现出来的测定仪器。

在本书的第 3 章和第 4 章中，讲述了由于酒中酸与多酚类物质的存在，导致水与乙醇的结合变得紧密，乙醇的特性也被减弱，从而减轻酒精刺激。然而酒类的美味并不是通过使乙醇刺激完全消失达到的。诚然，对于不能喝酒的人来说，可能会认为乙醇刺激是越少越好，但对一般爱酒之人，肯定是不希望乙醇的刺激完全消失。

暂且不提酒的味道是由"乙醇的刺激"和"味道"这两个方面构成，这里我们先不谈乙醇的刺激，从狭义的角度单纯研究讨论酒的味道。对日本酒(清酒)而言，在酿造调整完毕时，其中包含的酸度、酚量、氨基酸量以及糖分量都已经进入一个变动不大的区间里，通常不再进行发酵处理，但若想添加其他的特别风味，这另当别论。

就葡萄酒而言，因为在酿造工艺方面下了很大的功夫，从而保留了少许糖分，这样的葡萄酒保持了味道的平衡。但是，一般的葡萄酒酸味和涩味都很强，很难直接饮用。受天气的恩惠，倘若葡萄在良好的气候条件下生长成熟的话，葡萄的含糖量也会变高，如图7-1所示，由于果汁酸味、涩味以及糖度保持了良好的平衡，所以就很好喝。

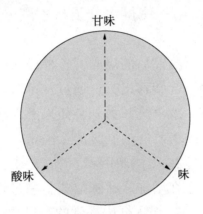

甘味

酸味　　　　　　味

图 7-1　酒的香醇和味道的平衡

但是，在果汁当中酒精的发酵，主要是消耗糖分。这样一来，伴随酵母的代谢作用又新生成了各种有机酸，若不计其中酒精成分的话，发酵液的成分组成如同没成熟的葡萄一样又回到了从前。要想把这种酸味与涩味成分转变成好喝的味道，只好等橡木桶内有机酸和多酚成分的减少。另外，如果因葡萄果汁的糖分太低而无法进行发酵的时候，法律上虽有限制但加糖是被允许的。在法国勃艮第被称为传奇酿造家的 Henri Jayer 这样讲过："非要补充糖分的话，我选用甘蔗制成的黑砂糖"。但是，最重要的是，在酿造之后添加砂糖等糖分来调整甜味是被严格禁止的。

如上所述，一般的葡萄酒在酿造结束时，为了达到味觉的平衡（如糖分少或由于与酸和多酚的平衡缺失），"校正操作"是必不可少的。保存在橡木桶里的话，在这期间可以期待产生的酯类带来芳香和与葡萄汁中不同多元酚的产生，由此达到味觉平衡。

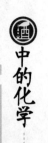

高纯度的乙醇水溶液，在空气中与氧结合，乙醇被氧化生成醋酸的速度不是很快，长期储存在玻璃瓶中要想达到适宜饮用的变化是非常困难的。烧酒或朗姆酒等可以说是纯度较高的乙醇水溶液，因此通常被作为鸡尾酒、杨梅酒等果酒的基酒来使用。在其中加入柠檬、梅干或用乌龙茶稀释等使其达到包含有机酸和多元酚的状态后便可饮用，这是由于有机酸和多元酚的作用，使得水分子与乙醇分子紧密结合，改善了酒的口感。

用传统方式进行蒸馏后的烧酒，各种怪味成分很自然地会和有机酸及油脂成分一起转移出去，通过一定时间的储藏后，可以感到不良气味的减少或消失。另外，如果有怪味残存，通常可以利用超声波，在不损失乙醇的同时消除怪味。

威士忌和白兰地在橡木桶中保存时，产生酸、多元酚及糖类的同时，芳香成分也在增加。在陈酿威士忌过程中，在保存过雪利酒(白葡萄酒一种)的橡木桶中得到的有机酸和多元酚的量比其他种类的橡木桶要多。

如若想酿造好喝的酒，要满足如下 3 个条件：

① 与酒中乙醇相适应的有机酸和多元酚的存在，可减少乙醇刺激。

② 为避免乙醇刺激和其他成分的怪味，应包含充分的芳香成分。

③ 要得到矿物成分、酸、多元酚、氨基酸、糖分以及脂质的平衡调和。

表 7-1 中显示了各类酒在陈酿前后的状态变化。以酿造酒栏中的葡萄酒为例：乙醇的感官刺激在陈酿前就已经降低，陈酿后当然就更低了。在正常的酿造过程中，随着芳香成分逐渐增加，乙醇的感官刺激和其他怪味是消失的。酿造结束时，有些情况下会达到味觉的平衡，但是，在大多情况下都是通过陈酿来调节最后味觉的平衡。

表 7-1　酒中乙醇刺激感觉在陈酿前后的变化

酒的种类		酒精的刺激		乙醇的臭味		味觉成分的平衡	
酿造酒	日本酒	○		○		○	
	葡萄酒	○	○			△，×	○
	啤酒	○		○		○	
蒸馏酒	威士忌						
	麦芽	×	△	△	○	—	○
	谷物	×	△	×		—	
	白兰地	×	△	△	○	—	○
烧酒	甲类	×		×		—	
	乙类	×		△		—	
	松子酒	×		△		—	
	（鸡尾酒）		●		●		●
	伏特加	×		×		—	

注：口味感觉由弱到强的标识为：△<○<●<×。

7.2　酸的加入与乙醇的感官刺激

如第四章所说，在水–乙醇混合溶液里添加柠檬酸后，能减轻乙醇感官上的刺激。这已被研究所证实。但是，当征询心理学专业研究者的见解时，他们都异口同声回答："由于酸味对人体感官刺激的影响，所以在感觉上乙醇的刺激就变弱了，而不是有机酸本身参与了乙醇的陈酿"。这样统计出来的结果，带来了很多人为的不确定因素，所以能否通过仪器测试的手段来验证"有机酸的添加，可以降低乙醇对人体的感官刺激"并不确定。我们知道，通过分析脑电波来判定人的愉悦状态的装置已经被开发出来，脑电波与睡眠和放松状态存在直接关系等也被普遍介绍。2004 年 2 月日本高知大学邀请了这一领域的领军人，物广岛国立大学的吉田伦幸教授，请他做了关于"味道、气味的测量评价以及应用"的讲座。有此契机，我们也决心试着进行"基于有机酸的添加能减小乙醇刺激"的测量。针对各个受验者，我们准备两种实验材料，一种是 20% 的乙醇水溶液，另一种含有 0.02mol 柠檬酸的 20% 乙醇水溶液。溶液温度设定在与体温相近的 40℃。把一

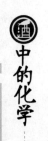

种样品(5mL)含在口中(100s)，通过脑电波来测量这期间因乙醇刺激带来的不快感(口腔黏膜的疼痛感)，希望通过这种方式来分析出柠檬酸有无差别。乙醇水溶液含在口中一段时间后，不论是哪种都能感到疼痛感，含有柠檬酸的样品疼痛感明显较弱。但是，长时间把酒精水溶液含在口中后，口腔会分泌出大量的唾液。在超过1min的情况下，也可能是习惯了，无论哪种情况都完全感觉不到疼痛感了。如此，通过脑电波来测量其中的"差异"的实验，可以说是以失败而告终。

然而在失败中也有所获，有这样一种说法"喝酒度数高的酒，要先将它含在口中之后下咽"。在充分混入了唾液分泌物之后，从口腔到咽喉再到食道，再难下咽的酒也可以喝下。意识到这点后，调查文献发现，在唾液中包含了能提高乙醇水溶液结构特性的各种成分。因唾液的分泌，乙醇浓度无疑下降。另外，作为其他效果，唾液中包含的磷酸氢根离子、碳酸氢根离子、各种有机酸和氨基酸等在口腔中可以加强水与乙醇的结合。"只要上述物质有少量的存在，即便是单纯乙醇水溶液也可通过喉咙下咽"的原因，一瞬之间明白了。

7.3 易于上口的屠苏酒

世间既有"酒鬼"，也有滴酒不沾的人。日本江户末期土佐(高知县)的藩主山内容堂就是一个典型的例子，自称"鲸海醉侯"，腰间一直挂着装满酒的酒壶。据定居意大利的朋友盐野七生说，看到别人送来"醉鲸"名字的酒时，也非常惊叹于酒的名字。

某日的中午笔者访问一位医生朋友时，讨论起了酒的话题，他说有一种酒非常容易上口，是德国最高级的贵腐精选葡萄酒(Trockenbeerenauslese，TBA)。正如其名，这种酒有着贵腐菌类一样的香味和蜂蜜一样的甜味，虽然乙醇含量不低，但却完全感觉不到乙醇的刺激。另外，普通种类的葡萄酒所具有的酸味和涩味也在强大的甘味下被掩盖。世界上主要出产贵腐酒的有五个地方：一是法国的苏玳和巴萨克，二是匈牙利的多凯，三是德国，四是法国西南部的蒙巴兹雅克、雅克苏、西尼涅克，五是奥地利。日本国内有售最昂贵的贵腐酒就是苏玳的伊干庄了。这以后，特别想开发出即便是不能喝酒的人也可以饮用的酒。在此之前，翻阅一些女性杂志时，曾经看到过"即便是旱鸭子也能游泳"的广告词。现在，我想要揭示的是，作为正月祝酒的屠苏，为什么"即便是小孩也可以喝"的谜底。

追溯屠苏酒的起源，一般认为是日本平安时代初期传自于中国。是较为传统的，通过提炼各种植物的化学成分来制成的酒精饮料。将各种干燥的植物研磨制成"屠苏散"，与酒等混合很短时间便能制成屠苏酒。"屠苏散"是由苍术根、山椒、白术、大黄、川椒、肉桂、虎杖根、川乌、桔梗及柑橘皮等构成，上述这些植物作为中药经常被使用，在此我们不讨论其药效。

在20%的乙醇水溶液中浸泡上述各种干燥处理的植物后，有机酸和多元酚虽然存在着差异，但无一例外都被提取出来。对这些乙醇溶液进行核磁共振测定时发现，化学位移值与有机酸和多元酚是成比例的，可以证明乙醇溶液中的氢键结合被加强。供分析所使用的植物中，食品类约60种，如黄瓜、苦瓜、萝卜等蔬菜类；麦茶、绿茶、红茶、咖啡等茶饮类；荠菜、艾蒿、当药、问荆等野草类；干椎茸等菌类；荷兰芹、罗勒、丁香、辣椒粉、香子兰、山椒、辣椒等香草或调味料。

黄瓜和苦瓜比起来，酸度差不多，但苦瓜的含酚量是黄瓜的2倍以上。葡萄糖量则相反，黄瓜是苦瓜的10倍以上。黄瓜中的高浓度糖分中和其酸味及苦味，使得黄瓜味道变得清爽。干萝卜的酸度比较低，但总的含酚量与葡萄糖量和黄瓜的数值是相当的。很显然，富含儿茶酚的绿茶、烘焙茶、红茶，富含绿原酸的咖啡中的总含酚量都是特别高的。山椒也是这样，总的说来调味料类的总含酚量都是相当高的。在被分析的60种以上的样品中，能提供最高含酚量的是丁香。在20%的乙醇水溶液中按0.2g/25mL添加丁香浸泡2天后，在其中检出总含酚量多达2000ppm以上(多元酚)。红辣椒(140ppm)比市场贩卖的辣椒粉(100ppm)的总含酚量要略为高一点，而山椒的值高达680ppm。如果从芥末辣味的根源辣椒素的分子结构来分析，芥末并不能强化水与乙

醇的水溶液结构特性。由于从黑糖和焦糖里可以提炼出少量有机酸和大量的多元酚类，与此相对应，从细砂糖和冰糖中几乎提取不出酸和多元酚。

在冲绳泡盛酒的生产地，品尝泡盛时，为何提供黑糖的理由就显而易见了。首先，糖分在口腔中促使了唾液的分泌，从而降低了酒度。第二，唾液中的有机酸等和黑糖中的多元酚提高了乙醇溶液的氢键结合，最终降低了乙醇的刺激。另外，以巴西产咖啡为例，咖啡里所含有酸的总量为每 100g 中约含 6g。这其中的 73% 为（多元酚性酸）绿原酸，其余为苹果酸、柠檬酸、甲酸、乙酸及其他酸。显而易见，乙醇水溶液可以从很多植物中提取出有机酸（及氨基酸）、多元酚类和糖类等，由于这些有机酸和多元酚类物质的存在，增强了乙醇与水的氢键结合。如此这般，具有乙醇刺激的清酒完全转变成没有酒精刺激的屠苏酒或利口酒。另外，植物中各种矿物营养成分的浓度很低，基本不会影响水的结构特性。如上所述，要想消除感官上酒精的刺激的话，只要在酒中混入富含酸与多元酚的成分后，便可简单做到。

在实际生活中，鸡尾酒就是践行该原理的一个很好的例子，看到在吧台前调酒师晃动调酒器的优美动作，其实这段时间就是酒的熟成过程。不过，要留下多少乙醇对感官的刺激程度，呈现怎么样的味道，上色与香气如何调配等，就要看调酒师各自的技术、经验和创造性了。

7.4　食物与乙醇刺激的缓和

前面一节，就屠苏酒为什么基本感觉不到乙醇的刺激，为何能变成老少皆宜的美酒作了解说。曾经在大学公选课上，讲到水与乙醇的化学时，生物专业的学生曾经说某书中记载过，"向酒中加入树叶，酒变为水"。传说在加利拉地区戛纳村婚礼的酒席上，把水变成酒的传奇故事（图 7-2）。2000 年后的今天，我们虽然做不到传说中的那样，但不依赖魔法和奇迹，就知道了简单地把"酒"变为"水"的方法。在东京农业大学小泉武夫教授《日本的酒》的解说里，也记述了"酒神"坂口谨一郎先生所谓好酒即为"对喉咙无刺激，如水一样可以喝的酒"的论述。

图 7-2 保加利拉的传说(戛纳的婚宴)

(卢浮宫美术馆代表作品之一, 2006 年摄)

在这里, 就下酒菜与乙醇刺激的关系进行讨论。如果"屠苏散"的有机酸(氨基酸)和多元酚能够降低乙醇刺激, 那把植物性的小菜放在嘴中咀嚼并喝酒的话, 显然也能降低乙醇的刺激。那么动物类食品, 如鱼、肉类等又会怎么样呢? 生鱼片和烤肉在口中咀嚼后, 蛋白质会一部分转化为氨基酸与唾沫混合, 从而使口中充满鲜美的味道, 各种氨基酸与有机酸一样, 也可以增强乙醇与水的氢键结合, 所以, 动物性食品也可以降低酒精刺激。油脂是由脂肪酸类物质构成, 追溯源头和醋酸同类, 因此不难想象, 它同样能降低乙醇的刺激。对于大部分为碳水化合物的面条及荞麦面, 那多元酚较丰富的荞麦面比起面条就更有利了。但是, 不论面条还是荞麦面都富含氨基酸, 而小麦粉里也含有多元酚和蛋白质。

曾经有一家关于荞麦面佐料调制的公司, 把鲣鱼打碎与酱油、调味料、砂糖等混合来制作这种佐料。当时认为混合 2 周左右后, 在室温下调制的样品与短期加热制成的样品之间, 在水的结构性方面或许会存在差异, 实际上, 通过核磁共振的测量, 确实显示着差异。两种样品都能达到非常柔和的口味, 其原因是在各种酸共存情况下(酱油中含大量有机酸), 由于砂糖的加水分解反应, 转化成为葡萄糖和果糖, 增加了甜味。这样一来由于砂糖以外各种糖的共存, 使得甜味的内涵更为丰富。关于这类食品的味道, 温度升高后反应速度急剧加快, 比维持低温可以更早达到

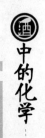

熟成状态。酒也是如此，比如马德拉酒在50℃的高温下，几个月就可以熟成。

在饮酒时吃米饭又会怎样呢？白米饭中的多元酚很少，约含7%左右的蛋白质。如果饭稍微做出点锅巴来，多元酚类也会和焦糖一样增多，就算是不含酸与多元酚的砂糖或冰糖，通过糖分刺激唾液分泌，唾液中含有的酸和氨基酸类物质也能降低乙醇刺激。

如上所述，可以得出这样的结论：几乎所有的食物，在口中与酒类混合后，都能够增强乙醇与水的氢键结合，最终达到缓和乙醇刺激的效果。

7.5　水–乙醇混合溶液的毒性

人们常称酒为"万药之王"，适量饮用对健康有益。以红酒为例葡萄汁里包含的糖分以及来自各种谷物的糖分通过微生物(酵母)反应，能变换成乙醇，这叫作乙醇发酵。在乙醇发酵过程，虽然是生物的反应，但在生成乙醇之外，还生成大量乳酸、柠檬酸等有机酸和氨基酸。在乙醇发酵结束时，稍微进行调整就可饮用，如葡萄酒、啤酒、日本的清酒等发酵酒。另一方面，通过蒸馏发酵液，除去大部分有机酸类物质，最终增加了乙醇浓度，这就制成了白兰地、威士忌、烧酒等蒸馏酒。这其中，白兰地和威士忌等在蒸馏后，要在橡木制桶中进行长期熟成，乙醇的刺激会被降低。然而烧酒或伏特加的酒度数太高不适合直接引用，因此大多用来调制鸡尾酒。不论是酿造酒、长期熟成的蒸馏酒还是鸡尾酒，在乙醇刺激较少的酒类中，溶存了大量有机酸(包括氨基酸)和多元酚物质的事实毋庸置疑。

这里就威士忌的木桶熟成，阐述一下其中的要点：即便是保存了同样的年数，由于熟成时使用的木桶不同，其中威士忌的熟成程度也是完全不同的。新桶或雪利酒桶中的威士忌，熟成度与保存年数基本上成比例，但使用了很多次的旧桶，即便保存20年以上，也不能上色，酸度与总含酚量也在极低的状态，熟成几乎不能进行。这样我们可以得知，在新桶和雪利酒桶里，桶的木材成分和雪利酒桶之前进入木材的雪利酒成分在威士忌酒的发酵过程中发挥了作用。

通过质子的核磁共振法研究了乙醇水溶液中的"氢键结合结构特性"以及溶质的影响，同样方法测定威士忌原酒时，从它的化学位移值可以判断出它的成熟度。通过目测威士忌原酒的褐色以及琥珀色的着色程度也可以判断出熟成的进行程度，通过实验结果也验证了上述说法的正确性。得出结论为：要想得到能提高"良好的香气和味道"或"牢固的氢键结合"的乙醇-水溶液，在橡木桶内的长期熟成必不可少。然而并不是说"仅仅是时间久了，水与乙醇间就自然地成为一个稳定的集合体"。夸大一点说，有氢键结合供给体（弱酸等）和受容体（共役碱）的共存作为前提，水-乙醇间要形成紧密的氢键结合，时间并不是最重要的。

尽管酒的主要成分为水和乙醇，但与单纯的"水-乙醇混合物"有着本质的不同，这个观点任何人都会认同，烧酒通常是不直接饮用的，但用它制成梅酒后，就变成了连妇女和小孩都喜欢的饮品了。

另外，80%左右的乙醇水溶液杀菌力很强，被用作注射前皮肤的消毒。但是，皮肤科的医生又说不能在伤口上使用80%乙醇水溶液。这大概是在露出的生物组织上，对伤口及黏膜的刺激过强的缘故吧。为了显示乙醇毒性，有如下试验。在水中加入"少量"的乙醇，作为饮用水，喂给老鼠后，2个月之后，随着喉咙的溃疡并发生了肝癌等病变。由此，单纯的"水-乙醇混合物"的杀菌力以及对生物的毒性之高就不言而喻了。那么，为什么酒没有被当成"毒药"，而是成为"万药之王"呢？相信不同的读者肯定都有自己不同的见解，我们进行了一下推论。在不适合饮用的水-乙醇溶液中溶入各种有机酸、氨基酸和多元酚物质以后，它能变成适合饮用的酒。酒能否被饮用取决于乙醇与水的氢键结合，在这样的状态下，乙醇在水的构造中完美的组合，（化学层次上）使得水与乙醇难以区分出来，最终乙醇对皮肤（特别是黏膜）的刺激及对细胞的刺激都将会降低。

7.6 "隔日醉"与乙醇的新陈代谢

即便不是伏特加这样的烈酒，乙醇只要进入人的血液中就会产生"醉感"。乙醇进入神经细胞，就如麻醉药一样减慢了信息传递，这就是醉酒的状态。乙醇并不是一直停留在血液中，首先是通过肾脏过滤成为尿液，或许乙醇与水有相似之处，这个过程（肾脏过滤）的效率不是很高。由呼吸系统从肺向体外出的量，通过准确测定呼气中的乙醇浓度可以得出结果，由于是气体，换算成液体后可以知道排出量很少。通过尿液和呼吸的排出量大约是全体的10%，剩下90%的乙醇主要由肝脏进行氧化分解。

乙醇的氧化分解经历两个阶段。即，乙醇被氧化暂且变为乙醛，再次被氧化后成为乙酸。这样生成的乙酸与糖分一样，对人体来说是有益的能量源，被消耗之后最终变为二氧化碳和水。在肝脏中，要使乙醇被氧化成乙醛，一定要有促成这种反应的能发挥特殊效果的"催化剂"。在生物活动里起催化作用的是酶，研究了酶的构造后会发现，进行特殊化学反应部位的四周被蛋白质包围。能使乙醇氧化成乙醛的酶称为乙醇脱氢酶（ADH），反应中心部位由锌络合物构成。在人体内，每1h约有10g的乙醇被处理，转化成为乙醛。由乙醇氧化生成的乙醛为剧毒，必须迅速地把它转化为乙酸，然而不是我们想象中的那么快。剧毒的乙醛转化为乙酸的酶，称之为乙醛脱氢酶（ALDH）。这种氧化酶的中心部位和之前的乙醇脱氢酶一样，也是锌络合物。即便是喝了大量的酒之后，在第二天血液中的酒度都大大降低。但是，乙醛的浓度反而增加，使得身体感觉很不舒服。这时会觉得再也不想喝酒了，但好酒之人只要过几天马上就把这种不快感忘光了。

在马来西亚的热带雨林，生存着一种跟松鼠相似很小的叫作树鼩的哺乳类动物。有种椰子树的花蜜，经天然酵母的作用发酵能达到与啤酒酒度相近的椰子酒（最高时达3.8度）。在最近发表的论文中，虽然树鼩经常饮用这样的"美酒"，但却没有看到因过量饮用出现的非正常状态。研究者认为树鼩与人类的灵长类祖先接近，饮用花蜜也可帮助物种传播授粉，从二者的进化关系可以看出，这种关系从 5500 万年前就开始持续了。如果能探究出这种小动物的乙醇代谢机能，也许我们还能发现解决人类乙醇中毒的线索。

7.7　酒对健康的危害

酒除了含乙醇之外，还含有许多有害成分，称其为"五毒俱全"的家族，是毫不夸张的。根据酿造方法的不同，酒大致可以分成三类：蒸馏酒、发酵酒和配制酒。

有害成分主要存在于蒸馏酒中，部分存在于发酵酒中，由于这两类酒中都含有有害成分，配制酒自然也就或多或少带有这种有害成分。它们含量虽然极少，在蒸馏酒中还不到 1%，但对酒的质量和饮酒者的健康却有着极为密切的关系。

7.7.1　酒的危害成分

杂醇油：这是酒中高级醇物质的总称，是具有三个碳链以上的一价醇类，是谷类作物经发酵制取乙醇及啤酒的主要副产物，包括正丙醇、异丁醇、异戊醇和苯乙醇等。其中以异丁醇和异戊醇的毒性最大。杂醇油的毒性和抑制作用比乙醇强，能使神经系统受损。酒中杂醇油含量越高，对人体的毒害作用越明显。饮用杂醇油含量高的低质酒，会出现头晕、头痛的现象。杂醇油在人体内的氧化速度比乙醇慢，因而它的毒性作用和抑制作用也较乙醇持久，不过杂醇油可随着酒储存期的增长而减少。

醛类：这是一种有机化合物，由羰基与一个烃基和一个氢原相结合而成，重要的醛类有甲醛和乙醛等。它们具有强烈助刺激性和辛辣味，醛类物质含量高的酒，饮用后会引起头晕。另外，糠醛对人体也有毒害作用。使用谷壳、玉米芯及糠麸做辅料时，蒸馏出的酒中糠醛及其他醛类物质含量都很高。正因为这个缘故，国家颁发的关于蒸馏酒的卫生标准中，一再强调要限制酒中的总含醛量，其理化指标的正常范围是，每 100mL 酒中，醛类物质的含量不应超过 0.02g。

酒在蒸馏过程中，低沸点时，醛多在初蒸馏部分(即酒头)，高沸点时，酒中有机酸多残留在后蒸馏部分(即酒尾)。利用这一

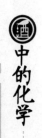

特点，将蒸馏液"斩头去尾"，即弃去酒头酒尾，就可以降低酒中的有害成分的含量。

甲醇：在植物细胞壁和细胞质的果胶中，含有甲醇脂。在曲菌的作用下，甲醇脂放出甲氧基形成甲醇。这是一种麻醉性很强、可溶性大的无色液体。红薯酒中，甲醇的含量比较高。此外，用腐烂水果和花生皮做填充料蒸馏出来的酒中，甲醇的含量也比较高。甲醇对人体有毒害作用，5~10mL 可以使人中毒，30mL 就可置人于死地。尤其是甲醇的氧化曲——甲醛和甲酸，毒性更强。如前所述，甲醛的毒性比甲醇大 30 倍，而甲酸的毒性比甲醇大 6 倍左右。

氢氰酸：主要来自木薯或果核等原料中的氰苷，经水解产生氢氰酸。氢氰酸为剧毒物质，中毒时轻者呕吐、腹泻、气促，重者呼吸困难、皮肤黏膜呈鲜红色，全身抽搐、昏迷，在几分钟内就可能造成死亡。要降低酒中氢氰酸含量的措施是，将本薯粉碎后堆积起来，升温到 40℃，使氢氰酸游离挥发，然后再制酒。

黄曲霉素：麦类、大米、花生等制酒的辅助原料，由于霉烂变质，会产生黄曲霉素，黄曲霉素对人的危害早为人们所熟知，常饮这种被污染的酒，有致癌的可能。

7.7.2　酗酒与精神疾病

饮酒过量，会使人的知觉、思维、情感、智能和行为等方面失去控制，飘飘然忘乎所以，一反常态。严重时，还会导致精神失常。人们常见醉汉"撒酒疯"，就是酒后失态的一种表现。

目前，对于精神疾病与遗传，人的精神状态及有害物质中毒等关系方面的一些问题，尚不能作出明确的解释，但有一点可以确定，就是在过度疲劳、失眠、身体衰弱、颅脑损伤、受到严重惊吓等情况下，如果再饮酒过量，就会促使酒精中毒性精神症状的产生。

酒狂病：这种患者意识模糊，病情时轻时重。轻者，头脑还比较清醒；重者，意识模糊，分不清地点，认不准人。患者还会产生听幻觉和视幻觉。患酒狂病者，体温比正常人高。急性发作时，头、手甚至全身出现颤抖，浑身出汗，失眠，血压不稳定，

116

脉搏加快，心脏功能受到损害，甚至引起心血管功能障碍。一般病程为 3~7 天。经过适当治疗和休息后，可恢复健康。重者可因心脏功能受损严重而死亡。

酒幻觉：长期嗜酒者常出现各种幻觉，如无人讲话而听到讲话声，眼前无物而看到各种形象。除幻听、幻视以外，还有嗅幻觉、触摸幻觉等产生。酒幻觉发病一般 2 天左右，有的持续近 1 个月，给人的健康和工作带来严重影响。

酒精中毒性精神错乱：急性发作时，产生一些荒谬的幻想，疑心重，总以为有什么人或东西跟着自己，总以为周围的人都在怀疑自己，经常处于恐惧之中，连家人也不信任，经常打骂亲人，造成家庭不和。

大脑灼痛性活动失调：一般出现在长期嗜酒和严重醉酒之后。其主要症状是，严重头痛、眩晕、呕吐、恶心、意识模糊、语言不清、站立不稳、走路摇晃、动作严重失调等。值得庆幸的是，只要戒酒并经过对症治疗，这些症状大多可以消失。只有语言不清和四肢发抖等可能延长一段时间。严重时，可能转化为"科尔萨科夫氏精神病"。

科尔萨科夫氏精神病：这是由俄国著名精神病学家科尔萨科夫发现，并以他的名字命名的一种疾病，这种病的病程缓慢，发病前患者出现手脚疼痛、麻木、失眠、惊恐等症状，严重时会引起声音失常。发病初期，伴有幻听和幻视，意识模糊。这时，患者的知觉和记忆均会遭到严重破坏。有的还会引起手脚多发性神经炎，出现剧烈疼痛。若是病情进一步恶化，会使四肢麻木瘫痪，丧失劳动能力。目前，对该病采用大剂量 B 族维生素和其他药物治疗，虽有一定疗效，但因此病后果严重，嗜酒者当引以为戒。

7.7.3 酗酒与营养障碍

酒，看起来颜色喜人，喝起来又甜美可口，但是，过量饮用都会严重阻碍人体对营养物质的摄取。

（1）酒与蛋白质、脂肪的关系

通过动物实验可以了解大量饮酒对代谢的影响。给老鼠喂蛋

白质和脂肪饲料的同时，用酒代替相等热量的碳水化合物，结果发现，不论饲料中蛋白质的含量多少，大鼠肝脏内的甘油三酯含量都明显增高。如降低饲料中的脂肪含量，虽然肝脏内的甘油三酯有所降低，但仍然高于一般正常值。实验结果表明，酒精在诱发脂肪肝方面起着明显的作用。对长期有节制的嗜酒者供给平衡膳食，同时供给等热量的酒代替碳水化合物，一个星期之后就能引起肝脏内的脂肪变性。给一些不饮酒的实验者以低脂肪、高蛋白膳食，同时供给等热量的酒来代替碳水化合物，不管膳食中蛋白质或脂肪含量的比例如何，肝脏内的甘油三酯含量都要增加3~14倍，并伴有肝组织脂肪变性和肝细胞线粒体肿大。

这些事实告诉我们，酒精在人体肝脏内有积累脂肪的作用。而这种酒精所引起的肝脏代谢的变化，又影响肝脏对各种营养物质的利用。

（2）酒与维生素的关系

维生素是人体不可缺少的物质，而酒精与几种造血所必需的维生素之间有比较复杂的关系，其中最主要的是对叶酸的影响。嗜酒成癖的人肝脏内储存的叶酸不足，引起叶酸缺乏，国外的研究资料证实，酒精对吡哆醛磷酸也有抑制作用，它能阻挠维生素 B_6 参与合成血红素的功能。

酒精可使小肠对硫胺素、烟酸、维生素 B_6、维生素 B_1 以及叶酸的吸收率降低，尤其是对营养不良的嗜酒者来说，更容易出现叶酸吸收障碍。即使营养良好的嗜酒者，也不能幸免。此外，患有肝脏疾病的嗜酒者，还可引起维生素 A 代谢的改变。因此，长期嗜酒的人大多数都出现多种维生素缺乏症。

（3）酒与无机盐的关系

长期饮酒会引起胃肠吸收率下降，尿液中金属阳离子排泄增加，结果出现一系列无机盐缺乏症，如低钾、低钠等。患者表现头昏、头痛、全身无力，严重者可导致瘫痪；低镁可引起全身震颤症状。有文献报道，低镁能使甲状旁腺激素的反应降低，还可加重低钙症。此外，锌参与各种脱氢酶的组成，慢性酒精中毒并伴有肝病时，由于酒精引起肾对锌的排泄且增加，从而使血液中锌的含量处于最低水乎，影响许多脱氢酶的合成。

很明显，长期饮酒的人，每天摄取的各种营养大大降低，因而出现各种营养缺乏症状。为了使身体恢复健康，对长期饮酒者来说，除了多吃含有高蛋白、多种维生素和无机盐的食物外，最重要的是要戒酒。

7.7.4　酒对人体器官的损害

研究表明，人饮用的酒，80%被十二指肠和空肠吸收，其余由胃吸收。在酒精的长期刺激下，胃肠会发生各种病变，消化功能遭到严重损害。喜欢喝酒的人，大多数在饮酒后不吃东西，这大概是一个普遍性的现象。由此会导致酒精刺激小肠黏膜，使乳糖酶、蔗糖酶、碱性磷酸酶等分泌减少，出现腹泻等症状。另外，酒精还对小肠内多种特殊的主动转运系统有很大的损害，还会抑制 Na–K–ATP 酶的活性。

有资料表明，75%的急性胰腺炎患者是由酒精中毒引起。50%的无胰腺炎症状的嗜酒者也可发现胰腺病理或功能改变。持续饮酒 6~12 年，就会出现胰腺炎症状。饮酒引起这些改变，首先是刺激胃分泌盐酸，而盐酸作用于十二指肠产生促胰激素，就能使胰腺分泌旺盛。

肝脏，是人体内最大的"化工厂"，不仅各种营养物质，而且进入体内的各种物质，几乎都是在肝脏内进行处理的。酒精也不例外，饮入的酒精大约10%通过唾液、汗水、小便、呼吸等排出外，其余的都在肝脏内氧化。长期嗜酒，会损害肝脏功能，造成各种肝脏疾病。

酒精性肝脏疾病分为三类：

① 脂肪肝——经常大量饮酒，酒精通过抑制糖原的异生作用，促进脂肪的合成。再加上营养不良，特别是蛋白质、抗脂肝因素缺乏，结果造成脂肪在肝细胞内沉积，形成脂肪肝。

② 酒精性肝炎——酒精直接损害肝脏细胞，引起肝脏细胞损伤，从而产生酒精性肝炎，这种肝炎又分为急性与慢性两种。

③ 酒精性肝硬化——由酒精性脂肪肝或酒精性肝炎发展而来。在患脂肪肝或酒精性肝炎后，如果能及时戒酒，并到医院进

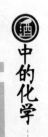

行治疗，是可以恢复健康的。但如果继续大量饮酒，则肝细胞不断坏死，且不断被纤维组织增生所代替，最后演变成肝硬化。

无论酒精性脂肪肝或酒精性肝炎，最初肝功能的损害都不太严重，患者可能并无明显不舒服，甚至在肝硬化的代偿期，也可能不觉得有显著的症状。然而，如果不提高警惕，继续酗酒就会逐渐出现全身不适、食欲减退、肝脏肿痛。进一步发展，会引起肝脏萎缩，最后由于严重的代偿失调，食欲减退加重、乏力，出现黄疸，病程持续 1~2 年，少数转变为肝癌，大部分病人则因肝硬化的并发症而导致死亡。

长期大量酗酒，会使心肌失去正常的弹力而增大。酒精还能引起心肌组织出血或心脏局部缺血等症状，严重者会使心脏停搏，造成死亡。有研究者曾用猴子做过实验，每隔三、四天向猴子心脏里注射一次酒精(适量)。不到 3 个月，猴子的心脏出现严重损害，一些心肌细胞发生变性、坏死。在细胞死亡的部位结缔组织增生，结果大大影响心脏的活动。饮酒过度的人常常患酒精性心肌炎。病状时重时轻，患者感觉不舒服、气促、心口发紧、有压迫或疼痛感。在心电图上可以发现心肌受损表现，嗜酒者心电图异常率高达 18%，对照组心电图异常率只有 1%。临床观察证明，经常大量饮酒的人心脏病的发病率比一般人高 2.5 倍。

根据调查资料，长期饮酒的人大多数都可能患高血压。早在1915 年就有报道，饮酒与高血压之间有密切的关系。通过研究，进一步加以肯定，认为随着饮酒量的增加，血压呈进行性增加，特别是脑血管疾病等高血压的并发症在超量饮酒者中尤为明显。人们发现不少嗜酒者都患有高血压，而且嗜酒者年龄越大，患高血压的人就越多，在 50~55 岁的饮酒者中，患高血压的约占25%，在 56~59 岁的饮酒者中，则高达 39%。

饮酒引起高血压的机理，多数人认为与交感神经、肾素-血管紧张系统及皮质激素分泌有关。据测定，经常过量饮酒者血、尿中的儿茶酚胺含量会升高，可引起小动脉的痉挛而使血压升高，有人观察，持续饮酒达半年以上者，其高血压发生率较很少饮酒者明显增高，停酒后血压下降，再饮又可回升。

进入身体的酒精，有一部分是经过呼吸道排出体外的，这些酒精对呼吸系统产生一定的刺激作用，降低了它们抵御感染的能力，使其既容易发生一般的呼吸道感染，也容易发生结核杆菌的感染。研究结果表明，因酗酒而导致死亡的病例中，67%的人患有肺结核、肺硬变、慢性化脓性支气管炎等呼吸道疾病。

饮酒过度者常因酒后受凉反复患上呼吸道感染，导致感染后的变态反应，也会引起急性肾炎。这种病有一定危险性，若延误治疗，可能引起生命危险。如果转成慢性肾炎，也会极大地损害人的身体健康。患了肾炎的人，饮酒可能导致肾炎持续不愈，甚至病情加剧，有可能演变成慢性肾炎。

过量饮酒还有可能引起关节的疼痛。近些年来，发病原因不明的"特异性股骨头坏死"症在国际医学界引起了注意。许多学者的研究证明，饮酒过量是导致这种病的重要原因之一。据日本学者报道，在患这种病的病人中，饮酒过度者占60%。研究者认为这是由于饮酒过度造成脂肪肝，导致脂肪栓塞继而引起骨的缺血性、无菌性坏死。大多数患者在轻微外伤后急性发作，也有少数人发病比较缓慢。临床表现主要是髋关节局部疼痛，而且大腿前面、膝、腰和臀部也会发生疼痛。因此，有些患者被误诊为"腰椎间盘突出症"。初次发病后，往往会有一段无症状时期。再以后，随着病情的发展，髋关节疼痛会越来越明显，给日常生活带来很多不便。为了预防这种疾病，许多研究者提出，希望饮酒者严格控制饮酒量。

本书配有读者微信交流群
扫码入群可获取更多资源

第8章 酒的品评

酒的品评包括理化鉴定和感官分析两种方法，它既是一门技术，也是一门艺术。说它是一门技术，是因为我国和世界各国一样，均需采用理化鉴定和感官分析两种方法对各种饮料酒进行评价。说它是一门艺术，是因为不同酒的色、香、味、体所形成的风格给人以不同的感觉和享受。在爱酒人士看来，酒也是一种有生命的东西。

酒的感官分析也叫品酒，就是通过人的感官(视觉、嗅觉、味觉、触觉)对酒进行鉴定。饮料酒是一种具有色、香、味、体的感官知觉产品，仅依赖仪器的理化分析数据，不能全面评价酒的质量优劣，例如：有些酒的理化分析数据十分接近，而在风味上却存在明显差别，这是因为每种酒独特风格的形成，不仅取决于各种理化成分的多少，还取决于它们之间的协调、平衡、衬托、缓冲、掩盖等关系。而感官分析则是不同酒独特风格的综合复杂的反映。

8.1 感官分析的基本原理

在品酒中，酒的色、香和味刺激人的视觉、嗅觉、味觉及触觉引起感觉，通过感觉记录印象，再通过感觉导入神经系统形成知觉，当酒体都呈无色透明时，嗅觉和味觉是最重要的。

(1) 视觉

眼睛是人的视觉器官，当眼睛看到景物时，视网膜上的光敏细胞会产生电脉冲，电脉冲沿神经纤维传递到视觉神经中枢，在大脑中形成景物的印象。在不同的光照条件下，眼睛对被观察物的感受性不同，所以感官分析应在相同的光照条件下进行。

品酒的第一感觉是视觉，首先看到的是酒的颜色、透明度、流动性、毛细管特性等现象。从酒的颜色可以判断成分多少、酒龄长短、是否氧化；从透明度可以判断澄清工序和过滤程序是否完好；从流动性可以判断物质含量、各种成分的协调性、保存年限是否长久；从毛细管现象可以看出液体内压大小、推测酒度高低。有经验的品酒者，通过视觉即能判断一种酒大致的档次范围。

（2）嗅觉

鼻是人的嗅觉器官，嗅觉区域位于鼻腔的上部，存在几百万个球状嗅觉细胞，嗅觉区域下部是黏液层，嗅觉细胞的睫毛神经伸入到黏液层中。当气味分子到达黏液层时，嗅觉细胞的睫毛神经将它们转变为脉冲信号通向嗅觉神经中枢，在大脑中形成对气体分子特性和强度的感觉印象。嗅觉比味觉更敏感，有经验的品酒者，通过嗅觉即能判断酒的大致质量。

（3）味觉

舌是人的味觉器官，在舌上分布有大量的被称为乳头状突起的味蕾，味蕾由味觉细胞和支持细胞组成。味蕾只对酸、甜、苦、咸四种基本味觉敏感，而且分布在舌上不同部位的味蕾对味觉的敏感性不同，分布在舌尖的味蕾对甜味敏感；分布在舌根的味蕾对苦味敏感；分布在舌前两侧的味蕾对咸味敏感；分布在舌后两侧的味蕾对酸味敏感。因此，在品酒时，这几个味觉不是同时出现的，应等待这几个味觉进展的变化，识别在最初几秒钟内出现的瞬间味觉反应，之后感觉一种连续的变化，品酒末了感觉回味，即吐酒后仍旧浸润口腔的感觉。在四种基本味觉中，只有甜味是令人真正愉快的，其他味觉在纯物质的情况下是令人不愉快的，只有当它们和甜味组合成一体时才能令人接受。现在认为"鲜"是第五味觉，而"辣"和"涩"都不属于基本味觉，它们是神经末梢受到刺激后的感觉。

（4）触觉

触觉是集温度、稠度、黏度、润滑度、丰满度等多种印象的综合，味觉也有触觉的参与，特别是一些黏液性的反映，如单宁的收敛性是由于鞣革黏膜和唾液的凝结，而唾液通常起润滑口腔的作用。

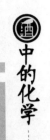

（5）感觉阈值、风味值与风味强度

感觉的产生需要适当的刺激，感觉阈值是指能引起感觉的最小刺激量。风味阈值是指某种风味物质能引起人的感觉的最小含量。阈值是通过感官试验确定的，仅用风味阈值不能完全表示某一风味物质对风味的影响程度。判断一种物质对风味的影响强度需要同时考虑该物质的浓度和风味阈值，这就是风味强度，是指某种风味物质的浓度与其风味阈值的比值。

从风味强度的定义，可以看出，当某种风味物质浓度大、阈值小时，给人的感觉刺激很强烈；而当某种风味物质浓度小、阈值大时，给人的感觉刺激很弱。当多种风味物质同时存在并且浓度接近时，有些风味物质能够感觉到，而有些风味物质不能感觉到。这是因为，不同风味物质在相同浓度下的风味阈值不同，风味阈值小的物质，风味强度大；而风味阈值大的物质，风味强度小。需要注意的是，同一风味物质在不同介质中的风味阈值不同，即便在乙醇-水这一简单体系中，当乙醇和水的比例发生改变时，其中风味物质的阈值都会发生改变，这就是为什么说，在高浓度酒中适合的风味物质的量比关系，在低浓度酒中不一定适合。此外，风味物质之间的相互影响是重要的，例如：乙酸乙酯和乳酸乙酯共存时的复合香气，与乙酸乙酯和己酸乙酯共存时的复合香气，是不一样的，因此可以想象，当数百种香气成分共存时，某一种或数种香气发生变化时，引起的复合香气的改变是相当复杂的。

8.2　品酒的基本程序

（1）观色

白酒的观色：以白布或白纸衬底，举杯齐眉对光，从酒杯的正面和侧面观察酒的色泽、透明度、有无悬浮物或沉淀物。如失光、发暗、有无明显的悬浮物成沉淀物等。

葡萄酒的观色：首先，将酒倒入杯中，观察酒产生的气泡。倒酒后，手持杯脚，将酒杯置于腰带高度，低头观察酒的液面，或者将酒杯置于白色桌面上，站立弯腰垂直观察酒的液面。再将酒杯举至双眼高度，观察酒的清透度。手持杯脚，倾斜 45° 角，在白色背景下观察酒的色泽。手持杯脚轻轻摇晃，静止后观察酒液在杯壁上的挂壁现象。

啤酒的观色：启开瓶盖，斟酒高度距杯口 2cm，将酒缓慢注入杯中（由于啤酒是唯一以泡沫性能衡量外观质量的酒类，因此应注意斟酒高度和注酒速度），在白色背景下从酒杯的正面和侧面观察酒的色泽、透明度、有无悬浮物或沉淀物；同时，观察啤酒的泡沫性能，包括：

起泡性——泡沫应丰富；

外观性——泡沫应洁白细腻；

持久性——泡沫应在 5min 内不消失；

附着性——饮完后泡沫应附着在杯壁上。

黄酒的观色：将酒注入酒杯，在充分的光线下从酒杯的正面和侧面观察酒的色泽、澄清度、有无悬浮物或沉淀物。此外，通过试手感，即在手心中倒少量的黄酒，感觉其滑腻感，可初步鉴别黄酒的真伪。

（2）闻香

白酒的闻香：手端酒杯，使酒杯与鼻的距离保持 2cm 左右进行初闻，再用手扇风闻，然后将酒杯接近鼻孔进行细闻。闻香时，应先呼气（不能对酒呼气），再对酒吸气进行闻香，吸气强度要均匀。每杯酒最多按上述步骤闻 3 遍。闻香内容包括有无香气、属于何种香型、溢香大小、香气正或不正。

确定白酒溢香大小与香气长短的方法是，用一小块滤纸吸入适当酒样，按上述方法闻香，再将滤纸放置半小时（对照样应采用同一时间），进行闻香，以确定溢香大小和香气长短。对于难以判断的香气接近的白酒酒样，可将酒滴入手心，借助体温增加酒液的挥发性，握紧手，紧挨鼻孔，从大拇指和食指的空隙中进行闻香，以判断酒的香型及留香长短。

葡萄酒的闻香：首先，将倒酒后的酒杯放在桌上，在静止状态下，将鼻孔置于酒杯部进行第一次闻香，可以迅速比较不同葡萄酒的香气，或者将口杯慢慢端起，稍稍倾斜，将鼻孔接近酒的

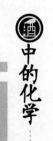

液面进行第一次闻香。然后，摇动酒杯，使酒液做圆周运动，可提高酒液与空气的接触面积，促使挥发性弱的物质释放，进行第二次闻香。第二次闻香又包括两个阶段，第一阶段是在静止液面被破坏后立刻闻香，第二阶段是摇动酒杯结束后立刻闻香，第二次闻香可以重复几次。最后，激烈摇动酒杯，使酒液在杯中剧烈转动，促使酒中的异味或不愉快气味释放后进行第三次闻香。

啤酒的闻香：在观察完啤酒的外观和泡沫性能之后，将鼻孔置于酒杯进行初次闻香；然后，摇动酒杯进行再次闻香。

黄酒的闻香：一是在静止状态下，将鼻孔置于注酒后的酒杯部进行第一次闻香，闻黄酒的主体香和溢香情况；二是摇动或转动酒杯，进行第二次闻香，闻黄酒香气的协调情况；三是远近静动相结合，闻黄酒的异杂味。

（3）尝味

白酒的尝味：尝味的顺序与闻香的顺序一致，由淡到浓，再由浓到淡，反复3~4次，最后尝有异味的酒。尝味时，每个酒样的入口量应保持一致，一般不超过2mL，酒液入口要稳，使酒先接触舌尖，再接触舌两侧，最后接触舌根，鼓舌让酒布满舌面，停留5~10s，仔细辨别酒的味道，是否绵甜、协调、爽口、醇厚、丰满等，以及是否存在异杂味。涩味可用移动舌面并与口腔上下摩擦的方式进行体会。咽酒或吐酒后，应张嘴吸气再闭嘴呼气，使酒气随呼吸从鼻孔排除，判断酒的后味。判断酒气是否刺鼻和刺喉或有不快之感、余味是否干净、香气浓淡、回味长短、是否回甜、有无余香或后苦和酸涩及邪味等。

葡萄酒的尝味：首先，举起酒杯，轻轻吸入酒液6~10mL，使酒液均匀分布在舌头表面，然后，利用舌头和面部肌肉的运动，搅动葡萄酒，同时鼻子轻轻吸气，使酒液在口腔中升温和氧化，释放出各种风味物质，并使酒气进入鼻腔后部，充分感觉酒的滋味。酒液在口腔内滞留时间保持12~15s。最后，咽下少量葡萄酒，吐出剩余酒液，用舌头舔牙龈和口腔的内表面，鉴别后味及其时间长短。

啤酒的尝味：品尝啤酒时，开始先饮一小口(10~25mL)，在口中滞留 15s，辨别啤酒滋味；然后，大口畅饮，感觉后味。留意第一口的风味印象和后味感觉。

黄酒的尝味：尝味时，第一口酒的饮入量为 3~5mL，通过口腔蠕动，使酒液在舌面上逐渐向后移动，感觉甜、酸、苦、香、辣、鲜、涩诸多滋味。当滋味充满口腔时，充分感觉酒的流动性、圆润性、和谐性、持久性、舒适性，以及浓淡、长短、强弱、厚薄等。充分感觉后，咽下酒液，待酒气经喉部从鼻腔和口腔喷出，判断酒的回味。

判断风格：对一般人来说，酒的风格似乎是抽象的，就像人的风度一样，仁者见仁，智者见智。但在酒的质量标准中，酒的风格是指根据色、香、味三个方面对酒做出的综合判断与评价，即酒的风味特征的典型性，也就是酒的香气成分是否浓郁协调，酒质酒体是否优雅舒爽，风格特征是否独特典型等。

8.3 酒的观色

白酒应无色，清亮透明，无悬浮物，无沉淀物。对于茅香型白酒，多呈微黄色，这是允许的。

对于葡萄酒的观色，通过观察葡萄酒的气泡、液面、清透度、色泽、挂杯等外观性状，可以初步判断葡萄酒的特质。将葡萄酒倒入杯中，酒液具有较好的流动性且有响声，并在杯中酒液表面形成气泡，气泡很快消失，新酒的气泡有色，而陈酒的气泡无色，如果气泡在酒体内形成或在液面形成泡沫，则表明酒中 CO_2 含量过高。葡萄酒的液面应呈圆盘状，且洁净、光亮、完整；若液面失光，且分布许多细小尘状物，说明酒可能受微生物病害侵染，若液面呈彩虹颜色，表明酒中色素物质已被氧化，若液面呈蓝色色调，说明酒很容易患金属破败病。优良的葡萄酒应清亮透明，若有混浊，往往由微生物污染、酶破败或金属破败引起；若有沉淀，则可能由酒构成成分的溶解度引起。根据颜色，葡萄酒可分为白葡萄酒、红葡萄酒和桃红葡萄酒。白葡萄酒应呈近似无色、禾秆黄色、金黄色、琥珀色，一般酒龄越长，颜色越深，若呈棕色，表明白葡萄酒已氧化或衰老。红葡萄酒应呈紫红色、

砖红色或瓦红色(中年红酒)、棕红色(10年以上老酒),通常酒龄越长,颜色越浅。桃红葡萄酒介于黄色与红色之间,呈桃红色、玫瑰红色、洋葱皮红色、橙红色。对于葡萄酒的光泽而言,一般酒越新越有光泽,酒越陈越暗淡。挂杯现象是酒中非挥发性物质表面张力和酒的黏附性所致,酒液向下淌的速度越慢,表明酒中的乙醇、甘油、残糖等物质含量越高,即酒的浓度亦越高。

啤酒按颜色可分为淡色啤酒、浓色啤酒和黑啤酒,最常见的是淡色啤酒。淡色啤酒的色泽应淡黄带绿或淡黄色或淡金黄色,清亮透明,有光泽,无明显悬浮物和沉淀物。泡沫是啤酒的重要特征之一。当淡色啤酒缓慢注入玻璃杯时,泡沫应丰富、洁白、细腻、持久,饮完后泡沫还应附着在杯壁上即"挂杯"。

黄酒的正常颜色大多为黄色,包括:浅黄、金黄、禾秆黄、橙黄、褐黄等;少数为红色,包括:橙红、褐红、宝石红、瑰珀红等。若黄酒的色度加深,其可能的原因是:①酒中铁离子含量较高;②经日光照射,酒中的酪氨酸或色氨酸被氧化而呈赤褐色;③受高温影响,发生美拉德反应;④在酒中添加了红曲、焦糖等着色剂。黄酒应晶莹透明,有光泽,无明显悬浮物和沉淀物;若混浊不清或有杂质存在,则为劣质产品。此外,当少量的黄酒滴入手心搓手时,酿造的纯正黄酒具有强烈的滑腻感,风干后很黏手,而配制的劣质黄酒触手具有似水的感觉,风干后不黏手。

8.4 酒的闻香

白酒的香气成分主要有酯、酸、醇、羰基化合物——醛和酮以及酚、含氮和含硫化合物等,有些是单体物质呈香,更多的是多种香气成分呈现的复合香气。

8.4.1 白酒的香气成分

(1)浓香型白酒的香气成分

泸州老窖酒是浓香型白酒的代表。酯类是浓香型白酒中含量最多的香气成分,约占香气总量的60%,其中主体香气成分是己酸乙酯。几种主要酯类的比例对酒质影响很大,如:己酸乙酯与乳酸乙酯比例为1：（0.6~0.8），己酸乙酯与乙酸乙酯的比例为1：（0.5~0.6），己酸乙酯与丁酸乙酯比例为1：0.1。

酸作为白酒的重要呈味物质，在浓香型白酒中约占香气总量的15%。酸在优质白酒中含量顺序是：乙酸、己酸、乳酸、丁酸、甲酸、戊酸、棕榈酸、油酸、亚油酸、辛酸、异丁酸。总酸含量越低，酒的口味越淡薄。总酸和总酯比例为1：4左右。

除乙醇外的其他醇类约占香气总量的12%。一定量醇的存在，有利于促进酯的香气，但醇类含量过多，酒就会产生辛辣和苦味，总醇、总酯比例为1：5左右。异戊醇的含量最高，在30~50mg/100mL，异戊醇与异丁醇的比例对风味影响很大，异戊酸、异丁醇比例为3：1左右。碳基化合物约占香气总量的6%~8%，含量最多的是乙醛和乙缩醛(>10mg/100mL)，二者的比例为1：0.6左右。双乙酰和3-羟基丁酮的含量适当时，使酒丰满而富有个性，并促使酯类的挥发。在一定范围内含量较多时，能提高香气品质。

（2）清香型白酒的香气成分

山西汾酒是清香型白酒的代表。香气成分的总含量少于浓香型白酒和酱香型白酒，但香气成分中酯类仍占优势，其中主体香气成分是乙酸乙酯，其次是乳酸乙酯，二者的比例是1：（0.6~0.8），决定了清香型白酒的风格。乙酸乙酯含量少，则失去了清香的风格，而乳酸乙配含量少，则使酒后味短。己酸乙酯和丁酸乙酯含量很少，这是与浓香型白酒的主要区别。有机酸主要是乙酸和乳酸，它们占总酸的90%，二者的比例约为1：0.8。总酯与总酸的比例高于浓香型白酒。醇类在香气成分中所占比例较高是清香型白酒的又一特点，直接影响酒的口味，其中含量较高的有：异戊醇、正丙醇和异丁醇。乙醛和乙缩醛占碳基化合物总量的90%。

（3）酱香型白酒的香气成分

茅台酒是酱香型白酒的代表，其主体香气成分至今尚不清楚。有人提出，茅台酒的酱香是"前香"和"后香"两部分构成的复合香气。"前香"是挥发性较大酯类香气，对酱香的呈香作用较

大；"后香"是挥发性较小的酸类物质，对酱香的呈味作用较大，也是"空杯留香"的特征性成分。酱香型白酒中具有许多高沸点的酯、酸、醇和氨基酸等，这与酱香型白酒的高温制曲、高温堆积、高温发酵、高温蒸馏之"四高"工艺有关。酱香型白酒的总酯含量较浓香型低，但乳酸乙酯含量高。从低沸点的甲酸乙酯到中沸点的辛酸乙酯再到高沸点的油酸乙酯都存在，但在酒的香气表现中，酯香并不突出。其总酸含量高，酸的种类近30种，其中，乙酸、乳酸含量居各类酒之首。总醇含量高，高级醇总量较浓香型白酒高1倍左右，其中，正丙醇含量最高。高沸点酸类也多于其他酒。羰基化合物含量也居各类酒之首，其中糠醛含量最高。含氮化合物如吡嗪、三甲基吡嗪、四甲基吡嗪（川芎嗪）等也较其他香型多。

（4）其他香型白酒的香气成分

凤香型白酒的香气成分。陕西西凤酒是凤香型白酒的代表，属于浓香型和清香型之间的香型。总酯含量较低，在酯类中，乙酸乙酯含量最高，是凤香型白酒的主体香气成分；而己酸乙酯含量影响凤香型白酒的风格，当其含量>50mg/100mL时，偏向浓香型。当其含量<10mg/100mL时，偏向清香型。总酸含量也较低，一般在70mg/100mL左右，乙酸占总酸的50%左右，还含有一定量的丁酸、己酸和乳酸。醇类含量较高，可达120mg/100mL以上，其中异戊醇和异丁醇含量最高，在总酯和总酸含量较低的情况下，如此高的醇类成分，使凤香型白酒突出了醇香的特征。由于凤香型白酒采用独特的"酒海"老熟工艺，因而含有较多的乙酸羟胺和丙酸羟胺等特征性香气成分。

串香型白酒的香气成分。贵州董酒是采用大小曲混合发酵的中香型白酒。总酸含量较高，尤其丁酸含量是所有白酒中最高的，达40mg/100mL，还含有一定量的己酸。总酯含量低于总酸含量，其中丁酸乙酯含量最高，可达28mg/100mL，含有一定量的己酸乙酯，而乳酸乙酯含量最低，只有其他酒的30%~50%。醇类含量高于总酯含量，其中正丙醇和仲丁醇含量高于其他白酒。

特香型白酒的香气成分。江西四特酒是特香型白酒的代表，其香气成分富含奇数碳原子脂肪酸乙酯，包括：丙酸乙酯、戊酸乙酯、庚酸乙酯、壬酸乙酯，这几种酯含量均高于其他酒；偶数高级脂肪酸乙酯由含量也较高，主要是 14~18 碳原子的脂肪酸乙酯，如棕榈酸乙酯、油酸乙酯、亚油酸乙酯等。在醇类中，正丙醇含量最高，占总醇含量的 50%。

白酒的香气应满足典型性与协调性的统一。典型性是指某一类型白酒应具备的与其类型相一致的香气。协调性是指无论何种白酒均应香气协调，包括：主体香与送香的协调、喷香与留香的协调、前香与后香的协调。不同类型白酒均有香气的典型性和协调性，如：

浓香型白酒——窖香浓郁，具有己酸乙酯为主体的纯正协调的复合香气；

清香型白酒——清香纯正，具有乙酸乙酯为主体的清雅协调的复合香气；

酱香型白酒——酱香突出，前香与后香协调，空杯留香；

凤香型白酒——醇香秀雅，具有乙酸乙酯为主和己酸乙酯为辅的协调的复合香气等。

在白酒品评的闻香过程中，溢香是指酒中芳香成分溢散在杯口的空气中，可用嗅觉辨别的香气。喷香是指酒液饮入口中，酒中低沸点芳香物质受潮湿影响，使香气布满口腔而感觉到的香气。留香是指由于酒中的高沸点芳香物质含量多时，当酒液咽下后，口中仍留有余香。一般白酒都有溢香，很少有喷香和留香，而名酒中的五粮液以喷香著称，茅台酒则以留香闻名。

8.4.2 葡萄酒的香气成分

葡萄酒中的香气成分非常复杂，目前已经发现 500 多种香气成分，一般将葡萄酒的香气成分主要分为 8 种类型：动物香气、香脂香气、熏烤香气、化学香气、香料香气、花香香气、果香香气、植物与矿物香气。根据上述 8 种香气成分的来源，又将葡萄酒的香气成分分为以下三大类。

（1）来源于葡萄浆果的香气成分——果香（或称品种香）

葡萄酒的果香成分主要是存在于葡萄皮中的香气成分和酚类物质，其成分和结构极其复杂。葡萄品种不同，其果香成分也不同。近年来，有浓郁果香的葡萄酒越来越受到欢迎。为了获得典型性的葡萄酒果香成分，除了选择具有良好成熟度和无病虫害的高质量葡萄之外，还应注意低温浸渍、低温发酵，以保持葡萄酒悦人的果香。

（2）来源于发酵的香气成分——酒香（或称发酵香）

酒香成分是在葡萄酒发酵中产生的发酵副产物，包括：酯、酸、醇、醛等，它与发酵菌种和发酵工艺密切相关。利用增香酵母进行葡萄酒发酵，可产生酯香成分。采用乳酸菌在葡萄酒发酵后期进行苹果酸-乳酸发酵，可产生双乙酰的奶油香气。发酵时，添加铵盐可降低高级醇的生成，尤其是采用麝香型葡萄为原料时更加明显。但葡萄酒的发酵香气不能过于强烈，只能作为果香的补充，所以应选择适宜的菌种和采用适宜的工艺条件。

（3）来源于陈酿的香气成分——醇香（或称陈酿香）

醇香和果香是葡萄酒的主要香气，醇香成分是葡萄酒陈酿期间在单宁和橡木等物质参与下，多种香气成分经过复杂缓慢的氧化、还原、缔合、歧化等作用与平衡协调而形成的。有潜质的葡萄酒经陈酿后，由于与外界的氧气隔绝，葡萄酒的氧化还原电位下降至最低，潜在的香气被还原，逐渐形成令人愉悦的香气。醇香也包括橡木香，但橡木香不能掩盖醇香。陈酿温度对醇香形成很重要，若陈酿温度高，成熟快，则醇香不柔和且粗糙。

第一次静止闻香，闻到的香气很淡，只闻到了扩散性最强的那部分香气，不能作为评价葡萄酒香气的主要依据。第二次摇酒闻香，闻到的是葡萄酒浓郁优雅的香气。第三次剧烈摇酒闻香，闻到的是酒中的异味或不愉快气味，如：软木塞味、乙酸味、硫黄味、氧化霉味、苯乙烯味、硫化氢味等，可鉴别香气中的缺陷。

在葡萄酒品评的闻香过程中，对于白葡萄酒的要求是：香气完整协调，具有纯正的果香与优雅和谐的酒香；对干红葡萄酒的要求是：香气浓郁、纯正、协调、平衡；对桃红葡萄酒的要求是：果香和酒香浓郁、协调悦人。

8.4.3　啤酒的香气成分

啤酒的香气包括大麦芽的香气、啤酒发酵产生的酯类的香气和啤酒花的香气。大麦芽的香气成分是大麦中的氨基酸和糖类物质经过制麦、糖化、发酵等酿造工序，通过美拉德反应生成的吡嗪类和呋喃酮类化合物。吡嗪类化合物是含氮六元杂环组分，能赋予啤酒特殊的焙烤风味。呋喃酮类化合物是含氧五元杂环化合物，具有典型的甜味、焦香味。

啤酒发酵产生的酯类香气成分主要是乙酸乙酯和乙酸异戊酯。啤酒花是啤酒酿造的灵魂，属蔓生宿根多年生草本植物，雌雄异株，啤酒酿造均用雌花，不用雄花。酒花香气来源于酒花蛇麻腺中的酒花油，酒花油为黄绿色或黄棕色油状液体，易挥发，易氧化，难溶于水和麦汁，易溶于乙醚。酒花油的成分有200多种，主要分为两大类，一类为碳氢结构的萜烯类化合物，约占酒花油的75%，如：香叶烯、石竹烯、法尼烯等，产生不愉快的香气，是生酒花香气的主要来源。另一类为碳氢氧结构的醇、酮、酯类化合物，约占酒花油的25%，如：香叶醇、沉香醇，是啤酒酒花香气的主要成分。

在啤酒品评的闻香过程中，浓色啤酒要求突出麦芽香气，而淡色啤酒则要求突出酒花香气。

8.4.4　黄酒的香气成分

黄酒的香气成分与白酒相似，主要有酯、酸、醇、羰基化合物，醛和酮以及酚、含氮、含硫化合物。通过用气相色谱-质谱联用仪分析黄酒的香气成分，共鉴定出42种香气成分，其中酯类9种、酸类13种、醇类12种、羰基化合物8种。在酯类物质中，乳酸乙酯、乙酸乙酯、丁二酸乙酯含量较高，其中乳酸乙酯含量在100mg/L以上。在酸类物质中，乳酸和乙酸含量最高。在醇类物质中，除乙醇外，β-苯乙醇和异戊醇含量最高，均在100mg/L以上。可以说，乳酸乙酯、乙酸乙酯、β-苯乙醇是黄酒的主体香气成分，其主体香气是酯香和醇香的混合。但由于黄酒在酿造工艺、原料、地域等方面存在较大差别，有些黄酒也呈现

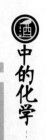

原料香、曲香、焦香和特殊香等。

黄酒的香气也应满足典型性和协调性的统一，但其典型性既不同于白酒的香型，更区别于化学香精。黄酒应具有深沉浓郁的以乳酸乙酯、乙酸乙酯、β-苯乙醇为主体的酯香与醇香复合协调的香气，或者具有优雅的符合地域特色的特殊香气为主体的复合协调的香气。无异杂味和粗杂味，特别是不能出现配制的黄酒中有香精香料味、刺鼻的酒精味和醋酸味等。

8.5 酒的口味

（1）白酒的口味

对白酒的口味要求是，在香气与口味完美统一的前提下，丰满浓厚、绵甜甘洌、尾味爽净、诸味协调、回味悠长。

不同类型白酒均有与其类型相一致的口味特点，如：浓香型白酒，绵甜爽洌、香味协调、尾净味长；清香型白酒，醇甜柔和、自然协调、余味爽净；酱香型白酒，酒体醇厚、自然优雅、回味悠长；凤香型白酒，甘润秀雅、诸味协调、尾净悠长；特香型四特酒，味醇回甜、酯香悠长、饮后神怡。

（2）葡萄酒的口味

葡萄酒中的各种呈味物质与酒质特性密切相关。酒精味是葡萄酒发酵的必然产物，也是入口后的第一印象，事实上，人的舌并不能识别酒精，而酒精能引起人的口腔和喉咙舒适的温热感，这种温热感称为酒的浓醇性，只有酒度大于 11 度时，才能感觉酒的浓醇性和肥硕感。醇厚感是指酒的酒度高且平衡、和谐与丰满。葡萄酒都有水果味；随葡萄品种、葡萄酒风格、产地、酒龄而能感觉到完全不同的水果味，可能是清淡型的温带水果味，也可能是浓郁型的热带水果味，可能是新鲜的水果味，也可能是干果味或是经糖水浸泡过的水果味。品尝葡萄酒首先要识别酒的水果类型，酒的甜味来自残留糖分、酒精和甘油，形成了葡萄酒肥硕圆润的特征，根据甜度可判断干、半干和甜酒。酒的酸味来自酒石酸、苹果酸、柠檬酸、乳酸、琥珀酸和醋酸等有机酸，只有酸度平衡与适中，才能给人以清新的感觉。若酸度过低，葡萄酒柔弱平淡；若酸度过高，葡萄酒生硬粗糙。酒的苦涩味来自多酚物质和单宁，一般苦味和涩味往往连在一起，很难区分。单宁是红葡萄酒不可或缺的物质，它既是构成红葡萄酒色泽与口感风味的有效成分，又是衡量红葡萄酒保存期长短的重要参数。单宁含量足够，葡萄酒丰满厚实，单宁含量越高，葡萄酒生硬滞重，而且饮酒后口腔两颊无意识地收缩感越强，所以说，单宁具有收敛性，红葡萄酒中的单宁含量应与酒中的酸甜均衡为好，而大多数白葡萄酒不含单宁。酒的咸味物质来自无机盐和少量的有机酸盐，可使酒具有清爽感。

对葡萄酒的口味要求是，酒体丰满肥硕、质感流畅柔润、诸味平衡协调、饮后回味悠长。不同类型葡萄酒均有与其类型相一致的口味特点，如：干白葡萄酒，清新淡雅、协调爽口、平衡悦人；干红葡萄酒，丰满肥硕、醇厚协调、回味悠长；桃红葡萄酒，酒质柔顺、酸度适中、精美醇厚。

（3）啤酒的口味

啤酒必须具备口味纯正、柔和爽口、杀口力强、回味醇厚，才能称为优质产品。

啤酒的口味纯正是指啤酒由麦芽、大米、酒花、水在酿造过程中产生的本质味道，无其他异杂味。啤酒的柔和表示啤酒的香气与各种味觉协调，某一口味不能太强和太弱或者引起味觉不愉快的刺激感。啤酒的爽口是指苦味（来自啤酒花的苦味物质）爽快，饮后苦味迅速消失，而且清爽舒达，有再饮欲望。实际上，广义的爽口是啤酒口味质量的一种综合概念，不纯的啤酒难爽口，不柔和的啤酒不会爽口，无气（指啤酒中含有 CO_2）的啤酒也不会爽口。啤酒的杀口力表示饮酒后啤酒中大量的 CO_2 在口中分散溢出，口内产生麻舌、新鲜、刺激、舒适的感觉。杀口力除了与啤酒中溶解的 CO_2 含量有关，还与 pH 有关，以 pH 值 4.4 ± 0.1 为宜。啤酒中适量 CO_2 的存在，可以掩盖啤酒口味上的某些缺陷。啤酒的醇厚是指啤酒的"体"，是啤酒本身的基础，啤酒饮入口中要感到丰满圆润，不单调、不淡薄，饮后回味悠长。啤酒的醇厚感与发酵中含氮物质的代谢有关，与啤酒的泡持性大致是相

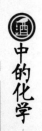
同物质引起的，取决于啤酒中的中分子蛋白质、糖蛋白及焦香物质、多酚物质、苦味物质等。啤酒中钙离子、蛋白质的过度分解、高温发酵、发酵度低，都会对啤酒的醇厚感产生不利影响。

（4）黄酒的口味

黄酒应在优美香气的前提下，具有甜、酸、苦、香、辣、鲜、涩等多种滋味，尤其是糖的甘甜、酸的鲜美、曲的苦辛，但要求诸味协调，使品评者感到丰满纯正、醇厚柔和、甘顺爽口、鲜美味长，具有本类黄酒应有的典型风味，无杂异味，不能出现配制型黄酒中口味淡薄、不醇厚、不清爽等口感或存在刺鼻的酒精味、香精香料味、水性味、焦苦味等。

本书配有读者微信交流群
扫码入群可获取更多资源

第9章　酒文化

中国是世界文明古国之一，是酒的故乡，在中华民族 5000年历史长河中，酒和酒类文化一直占据着重要地位，酒是一种特殊的食品，是属于物质的，但酒又融于人们的精神生活之中。作为一种特殊的文化形式，在传统的中国文化中有其独特的地位。在几千年的文明史中，酒几乎渗透到社会生活中的各个领域。首先，中国是一个以农业为主的国家，因此一切政治、经济活动都以农业发展为立足点。而中国的酒，绝大多数是以粮食酿造的，酒紧紧依附于农业，成为农业经济的一部分。

中国是酒的王国。酒，形态万千，色泽纷呈；品种之多，产量之丰，皆堪称世界之冠。中国又是酒人的乐土，地无分南北，人无分男女老少，饮酒之风，历经数千年而不衰。中国更是酒文化的极盛地，饮酒的意义远不止生理性消费，远不止口腹之乐；在许多场合，它都是作为一个文化符号，一种文化消费，用来表示一种礼仪、一种气氛、一种情趣、一种心境。

酒，作为世界客观物质的存在，它是一个变化多端的精灵，它炽热似火，冷酷像冰；它柔软如锦缎，锋利似钢刀。它能叫人忘却人世的痛苦、忧愁和烦恼，到绝对自由的时空中尽情翱翔；它也能叫人肆行无忌，勇敢地沉沦到深渊的最低处，叫人丢掉面具，原形毕露，口吐真言。酒，在人类文化的历史长河中，已不仅仅是一种客观的物质存在，而是一种文化象征，即酒神精神的象征。在中国，酒神精神以道家哲学为源头。庄周主张，"物我合一，天人合一，齐一生死"。庄子宁愿做自由地在烂泥塘里摇头摆尾的乌龟，而不做受人束缚的昂首阔步的千里马。追求绝对自由、忘却生死利禄及荣辱，是中国酒神精神的精髓所在。

世界文化现象有着惊人的相似之处，西方的酒神精神以葡萄种植业和酿酒业之神狄奥尼苏斯为象征，酒神精神上升到理论高

度，德国哲学家尼采的哲学使这种酒神精神得以升华。尼采认为，酒神精神喻示着情绪的发泄，是抛弃传统束缚回归原始状态的生存体验，人类在消失个体与世界合一的绝望痛苦的哀号中获得生的极大快意。

在文学艺术的王国中，酒神精神无所不往，它对文学艺术家及其创造的登峰造极之作产生了深远的影响。因为，自由、艺术和美是三位一体的，因自由而艺术，因艺术而产生美。因醉酒而获得艺术的自由状态，这是古老中国的艺术家解脱束缚获得艺术创造力的重要途径。"志气旷达，以宇宙为狭"的魏晋名士、第一"醉鬼"刘伶在《酒德颂》中有言："兀然而醉，豁然而醒，静听不闻雷霆之声，孰视不睹山岳之形。不觉寒暑之切肌，利欲之感情。俯观万物，扰扰焉如江汉之载浮萍。"这种"至人"境界就是中国酒神精神的典型体现。杜甫的《饮中八仙歌》中写道"李白斗酒诗百篇，长安市上酒家眠，天子呼来不上船，自称臣是酒中仙。"南宋政治诗人张元年说："雨后飞花知底数，醉来赢得自由身。"酒醉而成传世诗作，这样的例子在中国诗史中俯拾皆是。

不仅是诗词，在绘画和中国文化特有的艺术书法中，酒神的精灵更是活泼万端。画家郑板桥的字画不能轻易得到，于是求字画者拿狗肉与美酒款待，在郑板桥的醉意中求字画者即可如愿。郑板桥也知道求画者的把戏，但他耐不住美酒狗肉的诱惑，只好写诗自嘲："看月不妨人去尽，对月只恨酒来迟。笑他缣素求书辈，又要先生烂醉时。"画圣吴道子，作画前必酣饮大醉方可动笔，醉后为画，挥毫立就；书圣王羲之醉时挥毫而作《兰亭序》，"遒媚劲健，绝代所无"，而至酒醒时"更书数十本，终不能及之"。

9.1 酒与祭祀

酒祭是中国传统祭祀文化中最具特色的礼仪。酒，最初与社会文化生活发生联系，首先是用于"礼天地，事鬼神"，在高高的神龛上，酒成为古代先民祭祀和缅怀先祖的寄托物。

祭祀活动起源于原始社会后期的父系社会，种类大致分为祭天地、祭社、祭祖、祭灶几种。在酒没有出现之前，祭祀主要用水，称之为玄酒。此外还有"三酒"之说：有事临时酿的酒为事酒，酿造时间较长的为昔酒，酿造时间比昔酒更长的，一般头年冬天酿造第二年夏天饮用的酒称清酒。这三酒主要是祭祀后供人饮用的。

在古代的祭祀礼中，不管是王公贵族、士大夫的宗庙祭祀，还是一般民间祭祀，都要先行酹酒(以酒洒地)后饮用，这是传统祭祀中必不可少的礼仪。而在祭祀江河湖海时，则要以酒酹水，祭祀中的酹酒习俗，后来在少数民族地区逐步发展成人们平时饮酒也有先酹再饮的礼法。苏轼词有"一尊还酹江月"(《念奴娇·赤壁怀古》)，因在长江上，当只能酹江月。一般祭祀，祝祷之后必须以酒酹地，才意味着祭祀结束。

古代统治者认为："国之大事，在祀在戎"。可见祭祀是生活中的一件大事，祭祀活动中，酒作为美好的东西，首先要奉献给上天、神明和祖先享用。反映周王朝及战国时代制度的《周礼》中，对祭祀用酒有明确的规定。如祭祀时，用"五齐""三酒"共八种酒。主持祭祀活动的人，在古代是权力很大的，原始社会是巫师，巫师的主要职责是奉祀天帝鬼神，并为人祈福去灾。

现代少数民族也有其独特的祭祀风俗，蒙古族历史上存在过原始宗教信仰，相信天地万物均有神灵，对这些神灵，人们要表示虔诚的敬意。"凡饮酒，先酹之，以祭天地。"蒙古族人不但在祭祀中，即在平时的饮酒中，也有先以酒酹之以祭天地后再饮的习俗。居住在湘黔一带的苗族饮酒前，也有由席中年长者，用手指沾酒先对天弹酒，后对地弹酒，祭祀天地神灵后，才能开怀畅饮的习俗，至今仍旧盛行。

祭祖即祭祀神灵祖先，这个习俗在中国可谓源远流长。早在殷周时期，祖先被奉为神明。自汉代以来，墓祭之风更流行。旧时，每逢农历正月初一、清明、冬至，都是民间重要的祭祖日。届时一家之长，即要率领全家给各路神主斟酒，并行"酹酒"礼，以祈求祖宗神灵的庇佑。

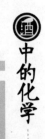

9.2 酒与婚礼

婚姻是人生的大喜事，大喜事必要伴以佳酿美酒，这是我国许多民族共有的习俗。从恋爱、订婚、结婚、回娘家及生儿添女，都要以酒祝贺，无酒不成礼仪，无酒难结姻缘。自古以来，民间都将结婚酒宴称作"喝喜酒"，说明酒与婚礼的关系十分密切，婚礼嫁娶是人生重大礼仪，在隆重的婚礼中，象征着吉祥喜庆的酒宴不可或缺。

"交杯酒"是我国婚礼程序中的一个传统仪式，交杯在古代又称为"合卺"（卺本意是一个瓠分成两个瓢），《礼记·昏义》有"合卺而醑"，孔颖达解释道："以一瓠分为二瓢谓之卺"，新郎新娘各拿一个，用以饮酒，就叫合卺。即用瓢（葫芦分两半），当作酒杯，婚礼时用彩线连接卺的柄端，两人饮酒后合成一体，象征夫妇相亲相爱，风雨同舟。所以都把合卺与入洞房连在一起，其寓意与心态都是一致的，结永好、不分离的暗示，合卺又引申为结婚的意思。

9.3 酒与宗教

酒，作为上苍恩赐人间的"圣物"，在我国远古时代的先民们就用于敬天地、畏鬼神的早期精神文化活动。在漫长的历史长河中，酒与宗教也经历了深刻的冲突与融合。

佛教戒律反对饮酒，无论在家、出家都一律禁止饮用。严格地说，但凡有酒色、酒香、酒味，或仅具其一而能醉人的，不论为谷酒、果（木）酒、药酒、甜酒（蜜、糖、葡萄等酿制）、清酒乃至酒糟，皆在禁戒之列，饮咽则犯。戒律在佛陀时代的印度产生过实际的影响，如《佛说戒消灾经》中就有记载。

佛教是主张"出世"的，它要求人们戒除"三毒"（贪、嗔、痴），摈弃一切欲望和追求，皈依于佛、法、僧"三宝"。佛教重视智慧，饮酒之后还能够自制而不致昏乱的人不多，而多饮酒或酗酒后的闹事、丧德随处可见，佛讲究的是修身养性，四大皆空。所以，为了保持清醒，利于修行，特别是为了达成修行的目的必须戒酒，不得饮酒乃是印度佛教徒的特色。在佛教众多经典之中皆有戒酒，不但戒"喝酒"，禁止教人饮酒，而且把"沽酒"（买酒、卖酒）列为"十重戒"，不得操持、沾染任何酒业、酒缘，即不得饮酒，不得尝酒，不得嗅酒，不得卖酒，不得以酒饮人，不得谎称有病欺饮药酒，不得至酒家，不得和酒客共语。

在佛制的戒律中，佛教徒亦非绝对地不可饮酒。依律制，因患病而由医生处方不得不用的情况下使用酒，即以酒为药，或饮，或含口中，或以酒涂疮，都不为犯戒。对原本嗜酒，出家后因戒酒而病瘦不调的僧人，佛陀也非毫不通融，一味禁止，而是为其略开方便之门。

佛教的四大"根本戒"（即入门五戒中除酒以外的四戒）中并不包括戒酒，可见酒并非在佛教深恶痛绝之列，只不过对出家人加以酒戒，防止其贪杯乱性，不能致志于修行，对于广大的信教群众来说，仅要求信仰教义，并不苛求戒律，自然在四根本戒之外的酒戒更不会施之于群众了。

总之，随着对象、时域的差别，"不饮酒"戒的某些具体的规定虽然有所不同，或宽或松，但作为行为指导规范的戒律本身却从未动摇，反对饮酒、禁止信徒饮酒的主旨一以贯之。

中国道教鼻祖老子对中国传统文化影响深远，老子的道家文化是饮酒文化中不可分割的一部分。老子故里，有着悠久的酿酒历史，在距今约 5000 年的鹿邑长子口墓文化遗存中，其中就有酒器 48 件，距今 3600 余年。

老子道教文化的核心——"道"，是符合规律的认识，是人类以及万物行为必须遵循的规则。"道法自然"，即"道"的运行规律，传统的酿酒法是建立在自然发酵的基础上的。因此，老子思想更易为传统酿酒法所接受，在老子的思想及老子"柔弱胜刚强"思想影响下，形成的"缓火蒸馏缓慢发酵"传统操作工艺，获得了以缓慢之柔，来求得酒体的绵、软、甜、不糙、不辣等特性之果。

早期，道教戒律是约束道士的言行，不使其陷入邪恶的条规，并无不饮酒的条规。现存最早的道教戒律五斗米道《老君想

尔戒》，分上中下三行，每行三条，共九条皆无戒酒之条。道教对普通教徒虽然并不严格戒酒，但是坚决反对酗酒。

总之，老子塑造了中国酒文化的雏形，道家文化的幽灵，总是或隐或显地呈现于酒文化的宝库中，《诗经》中的风、雅、颂大量散发着幽雅的酒香和酒文化。

儒家不反对饮酒作乐，儒家提倡"德将无醉"，无论祭事敬神、养老奉宾，都是德行，但却不能荒淫过度。《尚书》孔传写道："以德自将，无令至醉"，是言君子以酒德为尚，节饮有秩，避免醉酒失态。"无醉"是自我克制，自我把握的尺度，也是酒德起始的具体体现。

孔子关于酒文化的论述中就涉及老子重礼仪、重情义、重文艺的观点，在他整理的《诗歌》总集中，与酒有密切关系的酿酒、宴饮、礼俗、酒器、品评及酒的其他知识乃至醉态等都写得十分精彩。自酒问世以来，酒行为有其延续的合理价值，一味禁戒不是办法，绝对的禁酒与"中庸"之道不合，已属相对落后。改良的办法是要规定一些具体的道德规范和礼仪制度，循循善诱，进行自我约束。

孔子提倡的酒德观念是儒家酒文化思想的核心，也是儒家修身养性、从政化民的政教哲理的延伸。"酒德"二字，最早见于《尚书》和《诗经》。儒家反对"酗酒废政"，将酒德精神与邦国兴亡的政治教化联系起来。

9.4 酒与礼仪

远在上古时代，酒与礼就结下了不解之缘，酒与礼关系非常密切，中国自古便有"酒以成礼"的说法，到了西周，酒礼的规定已经非常具体。酒礼在古代是一项很隆重的礼仪，内容庞杂。比较通俗、典型的酒礼规则有：饮酒不能至醉，饮酒的人要做到"朝不废朝，暮不废夕"，免得发生酒祸，主人和宾客一起饮酒时，要相互跪拜，晚辈在长辈面前饮酒，叫作侍饮，通常要先行跪拜礼，然后座入席次。长辈酒杯中的酒尚未饮完，晚辈也不能先饮尽，长辈命晚辈喝，晚辈才可举杯。

主人敬客人酒叫"酬"，客人回敬主人叫"酢"。敬酒时往往要说几句"祝福长寿"的话，所以敬酒又叫"为寿"，普通为寿均以三杯为度，是怕"酒过三巡"而失态之故，客人之间相互交错敬酒叫"旅酬"，依次向人敬酒叫"行酒"。敬酒时敬的人和被敬的人都要"避席起立"。儒家酒礼、酒德观念的规定，体现了孔子"克己复礼"的仁学思想。酒礼与酒德是形式与内容的逻辑统一，酒礼为酒德所规定，酒德又以酒礼为传播载体，无逾酒礼，便是酒德。

无论是古人，还是现代人，酒礼甚多，主要集中体现于酒桌的座次、倒酒、敬酒等诸多环节。

在越来越注重餐桌文化的现代生活中有各种宴会，上酒礼仪是一个颇受关注的话题。不论宴会是在家中或餐厅举行，如果提供的是珍品佳酿，最好能展示给客人。如果你同时准备了红酒和白酒，就把两种酒分放在桌子两端，绝对不要用同一个杯子喝两种酒。

宴会前先把白酒放在冰箱至少 2h，或放入装着冰块和冰水的冰酒器 20min，白酒品质越好，降温所需时间也越短，如果忘记事先预冰，将酒瓶放入冰箱冷冻室大约 15min 即可，在盛夏可用隔热器来保持白酒的温度，第一次上酒时，主人可依逆时针方向亲自为所有客人倒酒，最后才轮到主人自己，客人喝完一杯后，可以请坐在你对面的副陪帮忙为他附近的人添酒。

待客的红酒温度应相当于室温，如果接受，便可倒酒。比较正式与讲究的场合，要提前醒酒、试酒。醒酒是让开瓶后的红酒先氧化一会以达到可饮用阶段，因酒的类型、品质以及成熟程度不同，需要静放 15min~1h。之后，经闻木塞、观酒液、嗅酒味、尝味道等四个步骤试酒，无误后，就可以倒酒。

醒酒很重要，红酒开瓶以后，让它与空气"呼吸"进行化学作用。如果直接倒进酒杯(不要超过杯子容量的 1/3)，可晃动酒杯，加速酒与空气接触的概率。建议去餐厅点餐之前先点酒，这样可以留有醒酒的时间。

酒作为一种交际媒介，在迎宾送客，聚朋会友，彼此沟通，

传递友情的交际过程中有独到的作用，酒桌上喝酒更有许多"奥妙"，如何喝酒也是一个既古老而又新鲜的话题。

在仪式场合，通常会有酒司仪或主持人等在就餐开始前致与场合相吻合的祝酒词，不用太长；提议祝酒，一小口足矣，不必喝干。在毫无准备的情况下，被推举出来提议祝酒时最好就是说出你的感受及一些简单的话摆脱困境。在餐台上，致祝酒词通常是男主人或女主人的优先权。如果无人祝酒，客人则可提议向主人祝酒；如果其中一位主人第一个祝酒，一位客人可以第二个祝酒。过去，除非是酒精饮料，否则不祝酒，而今，各种饮料都可用来祝酒。

9.5 酒与艺术

酒与诗的关系亲密无间，几千年来，诗酒结缘，形成了一种独特的诗酒文化。中国的诗，卷帙浩繁；中国的酒，源远流长。诗是美的，酒是香的，诗酒交融产生的酒诗则更香更美，以至于翻阅中国诗歌史的章章节节，随时都能闻到扑鼻的酒香。酒与诗歌的结合，既是中国美酒的灵魂，也是中国诗歌的灵魂。如杜甫的诗"李白斗酒诗百篇，长安市上酒家眠。天子呼来不上船，自称臣是酒中仙。"中刻画李白的四句传神之诗，极其生动地道出了这位伟大诗人与酒的关系。

酒在我国源远流长，饮酒在国人的生活中早就演变成一种文化现象。俗话说："酒为欢伯，除忧来乐"。人们乐时饮酒意在欢庆，愁时饮酒旨在除忧。酒可品可饮，可歌可颂，亦可入画图中。自古以来，酒与书画不分家。中国绘画史上的书画名家，好酒者不乏其人。大多画家都会借助酒来激发灵感。他们或以名山大川陶冶性情，或在花前酌酒对月高歌，往往就是在"醉时吐出胸中墨"，酒成了他们创作的催化剂。纵观历代中国画杰出作品有不少有关酒文化的题材，可以说绘画和酒有着千丝万缕的联系，它们之间结下了不解之缘，有了酒，书法才会洒脱，绘画才会显得大气。

书法家草书的笔走龙蛇，多为酒后而书，而酒后书法是最能体现文人个性和情感的。因为酒的滋润，书法家的性情才能在龙飞凤舞的乘兴挥洒中得以舒展与表现，并由此获得一种得意忘形的艺术与情感宣泄的快感。历代众多书法家嗜酒而书，使墨色酒香交融成一道灿烂的风景线。他们的作品，因渗透真情实感以及不可复制性而具有很高的艺术价值和历史价值。

"美酒飘香歌绕梁"，音乐与酒，都是人类情感的结晶。几千年来，在中华大地上，芬芳的美酒，美妙的旋律，从男人心中烧出火来，从女人眼中带出泪来，丰富着人民的生活，成为中华灿烂的民族文化的一个重要组成部分。如古代琴曲《酒狂》，是晋代竹林七贤阮籍所作。阮籍通过描绘混沌的情态，发泄内心积郁的不平之气，音乐内在含蓄，寓意深刻。阮籍放纵于饮酒，一方面避免了司马氏的猜忌，另一方面也使司马氏胁迫、利用他的企图归于无效。《酒狂》比较形象地反映了他似乎颓废实际愤慨的情感。

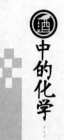

参 考 文 献

［1］ Nose, A., Hojo, M., and Ueda, T.：J. Phys. Chem. B, 108, 798 （2004）.

［2］ Nose, A., Hojo, M. Suzuki, M., and Ueda, T.：J. Agric. Food Chem., 52, 5359 （2004）.

［3］ Nose, A., Myojin, M. Hojo, M. Ueda, T., and Okuda T.：J. Biosci. Bioeng., 99, 493 （2005）.

［4］ Nose, A., Hamasaki, T., Hojo, M., Kato, R., Uehara, K., and Ueda, T.：J. Agric. Food Chem., 53, 7074 （2005）.

［5］ Nose, A. and Hojo, M.：J. Biosci. Bioeng., 102, 269 （2006）.

［6］［日］北條正司・能勢．晶：分析化学 57, 171 （2008）.

［7］ 高知大学化学系教員編集委員会（編）「化学研究 生中継」（南の風社, 高知）, p. 32（2004）.

［8］［日］北條正司：海洋化学研究, 17, 32 （2004）.

［9］［日］北條正司：Review of Polarography, 50, 125 （2004）.

［10］ Nishimura, K. and Matsuyama, R.：The Science and Technology of Whiskies, eds. Piggott, J. R., Sharp, R., and Duncan, R. E. B.：Longman Scientific & Technical, Essex, p. 235 （1989）.

［11］［日］土屋　守「ブレンデッドスコッチ大全」,（小学館, 東京）, p. 15（1999）.

［12］［日］木村正俊・中尾正史（編）「スコットランド文化事典」,（原書房, 東京）, p. 82（2006）.

［13］［日］加藤正二（編纂）「合成清酒 40 余年の歩み」全国合成清酒酒造組合（企画・編集）,（電通, 東京）,（1966）.

［14］［日］北條正司：平成 16 年度キリンビール醸造研究所－高知大

学共同研究報告書(2005), 北條正司・高山千香子・吉田有人：高知大学国際・地域連携センター研究成果報告書, No. 3, 41 (2005).

[15] [日]石川雄章(編)「醸造物の成分」, (日本醸造協会, 東京), p. 371 (1999).

[16] Pavlenko, N. M., Okolelvo, I. N., and Nalimova, A. A：Bull. de L'O. I. V. 56(631−632), 669 (1983).

[17] [日]佐藤　信(監修)：「食品の熟成」, 光琳(東京)(1984).

[18] [日]石谷孝佑(著)：「食品と熟成」, 光琳(東京)(2009).

[19] [日]都甲　潔「味覚を科学する」, (角川選書, 東京), (2002).

[20] [日]山野善正・山口静子(編)「おいしさの科学」, (朝倉書店, 東京), (1994).

[21] [日]北條正司：おいしさの科学, 2, 36 (2006) フードリサーチ別冊版第617−1号, 責任編集(社)おいしさの科学研究所, 発行　食品研究社.

[22] [日]リゴー, ジャッキー(著)立花洋太(訳)立花峰夫(監修)「アンリ・ジャイエのワイン造り」, (白水社, 東京), p. 171(2005).

[23] [日]河野正司(監訳)「唾液　歯と口腔の健康」, (医歯薬出版, 東京), p. 8(2004)Saliva and Oral Health, 2nd ed., eds. Edgar, W. M. and O'Mullance, D. M., British Dental Association, London, (1996).

[24] [日]石川達也・高江洲義矩(監訳)「唾液の科学」, (一世出版, 東京), (1998)Tenovuo, J. O.：Human Saliva Clinical Chemistry and Microbiology, CRC Press, Boca Raton, Florida, (1989).

[25] [日]司馬遼太郎「酔って候」, (文春文庫, 東京), (2003).

[26] [日]友田五郎「序説　珈琲学」, (光琳, 東京), p. 82(1987).

[27] [日]坂口謹一郎「日本の酒」, (岩波文庫, 東京), p. 256(2007).

[28] [日]渡辺　正(訳)「からだと化学物質」(丸善, 東京), p. 27(2001)

中的化学

Emsley, J. and Fell, P. : Was It Something You Ate?, Oxford University Press, (1999).

[29] 朝日新聞 2008 年 9 月 19 日夕刊 p. 16(東京本社).

[30] Wiens, F. , Zitzmann, A. , Lachance, M. -A. , Yegles, M. , Pragst, F. , Wurst, F. M. , von Holst, D. , Guan, S. L. , Spanagel, R. : PNAS, 105, 10426 (2008).